跟爱因斯坦一起玩数学

进阶篇

Upper Elementary Challenge Math

[美] 爱德华·佐卡罗◎著

教育无边界字幕组◎译

北京日报出版社

图书在版编目（CIP）数据

跟爱因斯坦一起玩数学. 进阶篇 / (美) 爱德华・佐卡罗著 ; 教育无边界字幕组译. -- 北京 : 北京日报出版社, 2018.11（2019.8重印）

ISBN 978-7-5477-3059-1

Ⅰ.①跟… Ⅱ.①爱… ②教… Ⅲ.①数学–儿童读物 Ⅳ.①O1-49

中国版本图书馆CIP数据核字(2018)第173662号

北京版权保护中心外国图书合同登记号：01-2018-5094

跟爱因斯坦一起玩数学（进阶篇）

出版发行：北京日报出版社
地　　址：北京市东城区东单三条8-16号东方广场东配楼四层
邮　　编：100005
电　　话：发行部：（010）65255876
　　　　　总编室：（010）65252135
印　　刷：北京荣泰印刷有限公司
经　　销：各地新华书店
版　　次：2018年 11 月第 1 版
　　　　　2019年 8 月第 2 次印刷
开　　本：710毫米×930毫米　1/16
印　　张：6.25
字　　数：110千字
定　　价：48.00元

序言

要满足数学资优学生的学习需求并非易事。教师制订的课程计划，既要教授基础知识，又要提供适当的挑战。计划制订后，教师务必协助学生挑战自己的智力，学会深入思考，体会数学的魅力与奇妙，帮助学生理解和欣赏数学本身，以及它于世界的意义。为满足数学资优学生的学习需求，我认为制订合适的计划时，需要考虑以下几点：

1) 挑战与挫折是学习和生活的一部分。两者都应被视为学习过程中的常规组成部分。大部分数学资优学生享受挑战，但个别学生会认为挑战和挫折非常痛苦。数学资优学生的教师有时必须承担一个困难的责任，他们需要帮助学生认清一个事实，把自身的学习归限于无需奋斗、没有挫折的知识框匣中是无益的，那样只会走向贫乏的人生。

2) 不要让学生觉得数学课死板无趣。学生需要机会去体验

数学中扣人心弦的趣味。许多数学资优学生课程的目标都是让学生尽快完成课程。由于缺乏对学生数学热情的培养，这样的方式会导致他们对该学科丧失兴趣。所以，要让资优学生去体验数学中充满挑战但又十分有趣的部分。当学生初尝数学和科学的奇妙，他们就如同踏入了一个未知的世界。

3) 让学生认识到数学与现实生活的有趣联系。数学教育常常基于事实和计算，所以学生鲜有机会接触那些联系数学科学与现实生活的重要理念。

4) 教会学生珍视自身的天赋。你能想象一个运动员或者音乐家拥有成百上千的家长和同学为他们喝彩的感觉吗？再加上新闻报道、奖杯奖章和各种荣誉，这些都推动着运动员和音乐家不断进步。但是对于擅长数学和科学的学生来说，这样的激励氛围却并不常见。所以教师必须让学生感受到他们天赋的重要价值。

5) 学生的兴趣和热情未必与他们的才能相对应。多年来数学资优学生的教育经历让我明白，允许和鼓励学生遵循自己的兴趣是很重要的，尽管那些兴趣并不总是与他们的天赋相符合。

6) 给学生恰当的学习资料。聪明的学生通常能够很快地掌握概念，因此当班上大部分学生还在努力学习的时候，他们已经无事可想。而且，学生无聊的时候更容易形成不良的思考方式和学习习惯，所以对于小学生来说，要给他们提供具有足够挑战性的学习资料。

7) 资优学生要与资历普通的学生共同学习。与普通的学生共同学习这一点非常重要。通过有益的异议、讨论和争论而形成的社会和情感发展，对于数学资优学生有着深刻的影响，还能够降低这些学生偶尔体会到的社会隔离感。

——爱德华•佐卡罗

目录

01

CONTENTS

第 1 章　天文学、光和声音

天文学

我刚发现了一个不需要少吃多运动的有效减肥方法！！

还有这样的方法？

嗯，这个方法减肥效果非常神奇，就是不容易操作。我刚从书上读到，月球的重力比地球的重力小很多，一个体重 100 磅的人在月球上只有 17 磅。

别忘了你说的是重量。即使你在月球、金星或者冥王星上重量小了，你的实际体重还是不变的。

你的体重取决于你身处的行星或者卫星造成的重力大小。这块砖重 10 磅。如果我把它送到月球，它的外观和所包含的“东西”都不会改变，但是重量会小很多。因为月球的重力比地球小，所以，在月球上，这块砖变为 1.7 磅。

你的体重会随你身处不同的行星而有所不同，但你所包含的“东西”的量是不变的。这些构成你的“东西”就叫作物质。

看来我的减肥策略是徒劳的。在不同行星上，我的体重会改变，但我所包含的物质的量是不变的。

研究不同行星和恒星上的重量是很有意思的。我最喜欢的一个例子是，在一颗中子星上，我的体重会高达数十亿磅，但在火星的卫星火卫一上，我的体重只有 0.05 磅！

试试下面的问题：

1) 一块水泥砖在地球上重 10 磅，在月球上重 1.7 磅。那在地球上重 5 磅的水泥砖，在月球上会变成多重？

2) 一个体重 100 磅的人在一颗小行星上重 20 磅。那一个体重 120 磅的人，在这颗小行星上的体重是多少？

3) 一个在地球上重 100 磅的人在月球上重 17 磅。那一个在地球上重 250 磅的人在月球上重多少千克？（四舍五入到整千克数）

1 磅 =0.454 千克

则：50 磅 =50×0.454=22.7 千克

从我出生到现在，地球绕着太阳转了12圈，所以我12岁。那如果按木星年算，我是多少岁呢？

你是说，如果按木星年算，你的年龄会不一样？

要按木星年算出我的岁数，我需要知道木星在这12年里绕着太阳转了多少圈。这个图表给出了每个行星绕太阳一圈所需的时间。

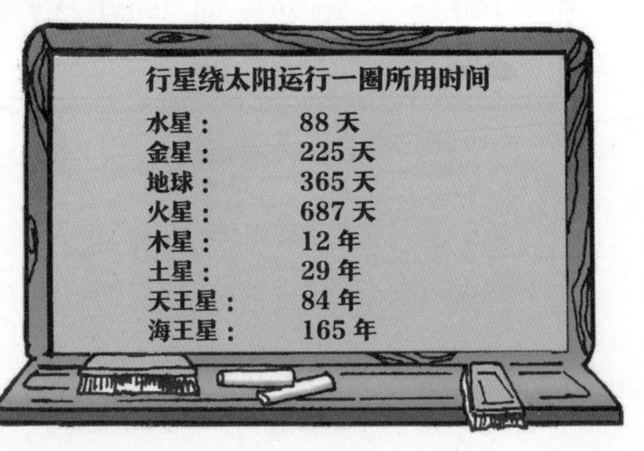

行星绕太阳运行一圈所用时间

水星：	88天
金星：	225天
地球：	365天
火星：	687天
木星：	12年
土星：	29年
天王星：	84年
海王星：	165年

不难看出，按木星年算你只有 1 岁，因为木星绕太阳一圈需要 12 年！

有意思！我可以按水星年算出你的年龄，首先要知道 12 年一共有多少天，然后除以 88，因为水星绕太阳一圈需要 88 天。

12×365 天 =4380 天
4380 天 ÷88 天≈ 49.8
约 50 个水星年

哇！按水星年算我已经 50 岁了。

试试下面的问题：

1) 一个人 58 岁，按土星年算，是多少岁？

2) 一个 8 岁的小孩，按金星年算，是多少岁？（四舍五入到整数）

3) 一个 7 岁的小孩，按天王星年算，是几个月大？

光和声音

根据看到闪电和听到雷声之间的时间差，可以算出雷暴与你的距离。

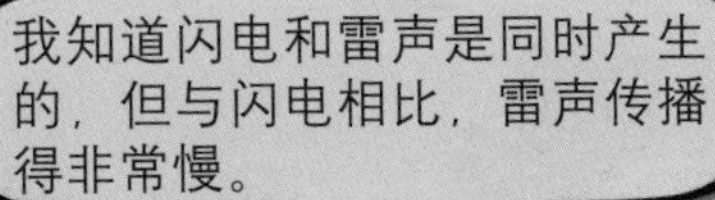
我知道闪电和雷声是同时产生的，但与闪电相比，雷声传播得非常慢。

声音传播 1 英里大约需要 5 秒，而我们可以认为闪电的光是立即传到我们眼中的，因为光传播得非常快，它 1 秒可以绕地球 7 圈。

所以，如果我看到闪电，15 秒之后听到雷声，那我就知道雷电在 3 英里之外，因为声音传播 1 英里需要 5 秒。

声音每秒传播 0.2 英里，光每秒传播 186 000 英里。我们算一下就会知道，光每秒能绕地球 7 圈，而声音绕地球一圈则需要 125 000 秒，几乎相当于一天半的时间！

试试下面的问题：

1) 如果闪电后 2.5 秒听到雷声，那雷暴与你的距离是多少？

2) 光 1 分钟传播多远？

3) 声音 1 分钟传播多远？

第 2 章　应用题

(1) 有一个装着弹珠的瓶子。如果安娜猜中瓶子里弹珠的数目，她就能赢得一年的免费电影票。以下是她得到的提示：

a) $\frac{1}{2}$的弹珠是红色的。

b) $\frac{1}{4}$的弹珠是绿色的。

c) $\frac{1}{8}$的弹珠是蓝色的。

d) 剩下的 50 个弹珠是黄色的。

(2) 若酒店房号从 200~650 的房间已打扫完毕，那么，一共有多少个房间被打扫了？

(3) 贾得粉刷一圈栅栏需要 2 小时。而伊恩和马修粉刷同样的栅栏每人则需要 4 小时。如果他们一起粉刷这圈栅栏，需要多久？

太难了！我完全想不出来怎么解答！
解决这类问题的时候，我们需要额外的帮助。这里提供几个能帮你解决问题的技巧。
画图法
2-10 法
归一法
谢谢！我太需要这个了！希望它们能帮上忙！

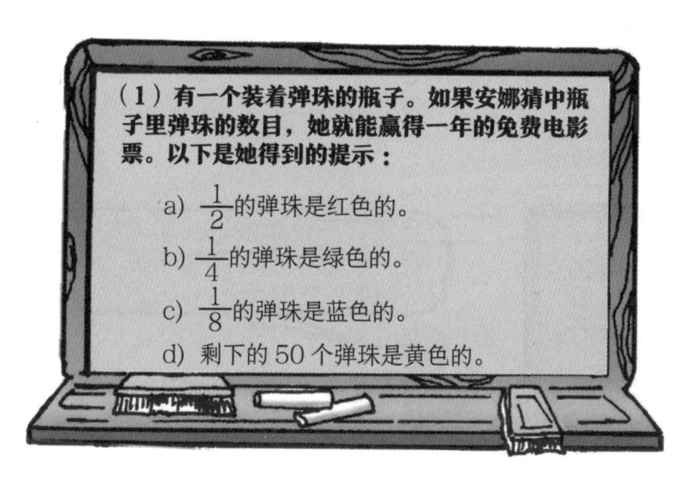
（1）有一个装着弹珠的瓶子。如果安娜猜中瓶子里弹珠的数目，她就能赢得一年的免费电影票。以下是她得到的提示：
a) $\frac{1}{2}$的弹珠是红色的。
b) $\frac{1}{4}$的弹珠是绿色的。
c) $\frac{1}{8}$的弹珠是蓝色的。
d) 剩下的 50 个弹珠是黄色的。

50 个黄色
$\frac{1}{8}$是蓝色
$\frac{1}{4}$是绿色
$\frac{1}{2}$是红色

第 1 步：画一个长方形表示这个瓶子。

第 2 步：分割这个长方形，写下你所知道的信息。

第 3 步：显然，瓶子中剩余的$\frac{1}{8}$是 50 个黄色的弹珠。

第 4 步：如果瓶子中的$\frac{1}{8}$=50 个弹珠，那么瓶子中就有 $8\times50=400$ 个弹珠。

画图可以让问题变得简单。试着再给我几个可以用画图法解决的问题吧。

1) 把 24 加仑的水倒入一个空罐，正好装满罐子的$\frac{3}{4}$，那这个罐子能装多少加仑的水？

2) 如果昨天前的第五天是星期六，那明天是星期几？

3) 沃伦有一袋钱。他把这袋钱的 $\frac{1}{2}$ 给了自己的弟弟，$\frac{1}{6}$ 给了妈妈。如果沃伦还剩 80 美元，那袋子里最初有多少钱？

2-10 法

（2）若酒店房号 200~650 的房间已打扫完毕，那么，一共有多少个房间被打扫了？

我总记不住解决这类问题的规则。但我知道答案并不是 650-200=450 个房间。

我也总是记不住规则。是 450+2=452 个房间吗？或许是 450-1=449 个房间。

遇到这种情况，可以通过代入 2 和 10 来简化问题。现在问题变为：

若房号 2~10 的酒店房间已打扫完毕，问共有多少个房间被打扫了？

这个解题技巧把问题变简单了。之前由于房间太多，我数不清。现在房间数目变小了：已打扫的房间号是 2、3、4、5、6、7、8、9 和 10。

打扫了 9 个房间。10-2=8，那么规律就是相减之后加 1。所以原题目的答案是：**650-200=450，450+1=451** 个房间被打扫了。

问题中存在分数、小数甚至变量时，都可以使用 2-10 法。借由 2 和 10，让问题变得易于思考。如果不使用 2-10 法，下面这道题就变得非常具有迷惑性。

我知道什么是变量！就是用一个字母代表一个你不知道的数。
我觉得变量就是迷之数字。
非常难题
如果买一本书花费 n 美元，那买 b 本书花费多少钱？

如果买一本书花费 2 美元，那买 10 本书花费多少钱？

代入 2 和 10 之后，不难看出答案是 $2\times10=20$ 美元。

现在我们知道如何解题了：相乘。

实际问题：答案是 $n\times b$。

使用 2-10 法的时候，用 10 代替大的数字，用 2 代替小的数字。

1) 地图上 2.25 英寸等于实际路程 18 英里，那 1 英寸等于实际路程多少英里？
2) 一块巨大的复活节兔子巧克力重 1200 磅，如果按 $\frac{3}{4}$ 磅为一份，这块巧克力能被分成多少份？
3) 农场里有 n 只鸵鸟和 t 匹马。问一共有多少条腿？

归一法

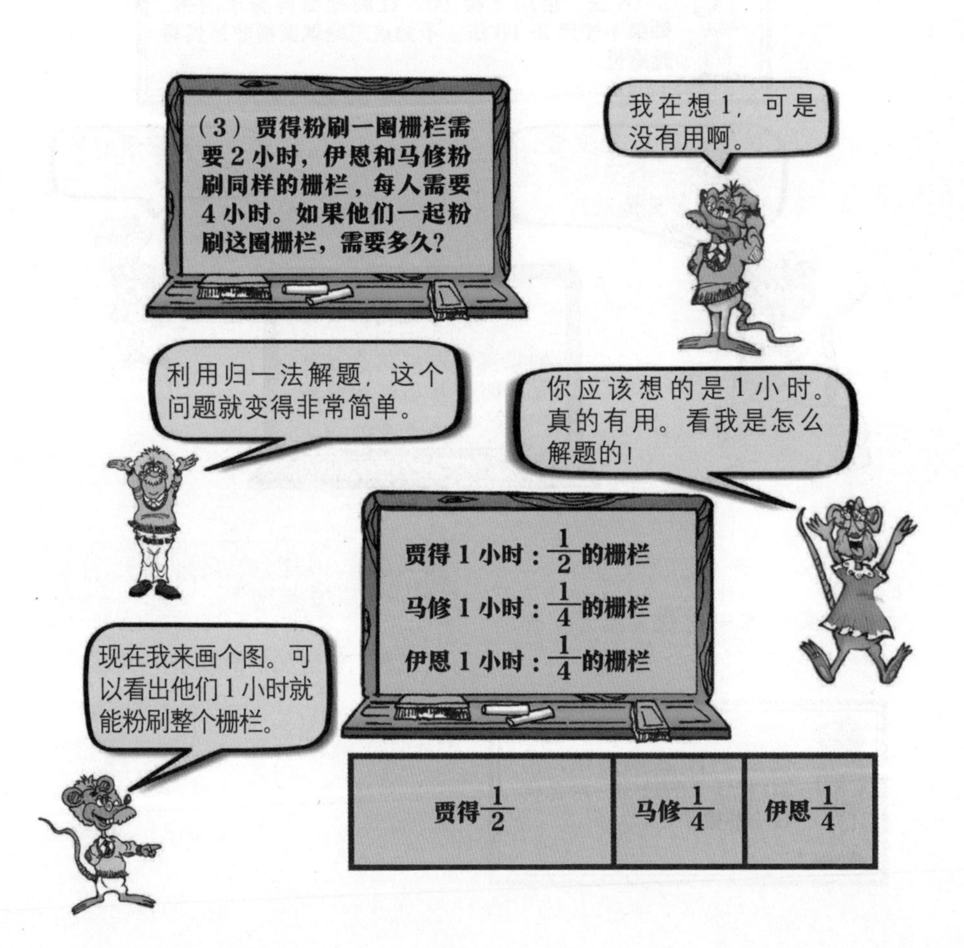
（3）贾得粉刷一圈栅栏需要2小时，伊恩和马修粉刷同样的栅栏，每人需要4小时。如果他们一起粉刷这圈栅栏，需要多久？
我在想1，可是没有用啊。
利用归一法解题，这个问题就变得非常简单。
你应该想的是1小时。真的有用。看我是怎么解题的！
贾得1小时：$\frac{1}{2}$的栅栏
马修1小时：$\frac{1}{4}$的栅栏
伊恩1小时：$\frac{1}{4}$的栅栏
现在我来画个图。可以看出他们1小时就能粉刷整个栅栏。
贾得$\frac{1}{2}$
马修$\frac{1}{4}$
伊恩$\frac{1}{4}$

1) 2 人建造一个冰雪城堡需要 3 小时。如果再加一个朋友帮忙，3 人建造冰雪城堡需要多久？（提示：一个人建造冰雪城堡需要几小时？）

2) 水管 A 灌满一个大水池需要 2 小时。水管 B 需要 4 小时。水管 C 也需要 4 小时。如果同时打开 3 个水管，需要多长时间灌满水池？

3) 杰伊两周内需要喂 3 只猫。如果一袋猫粮够 2 只猫吃 7 天，那杰伊需要准备多少袋猫粮？

第 3 章　数列、位值和底数

数列

我的爱好之一是推测数列中缺失的数。

看这 5 个不同的数列，尝试推测下一个数。

(1) 80, 72, 64, 56, ?
(2) 110, 200, 290, 380, ?
(3) 4, 12, 36, 108, ?
(4) 625, 125, 25, 5, ?
(5) 81, 64, 49, 36, ?

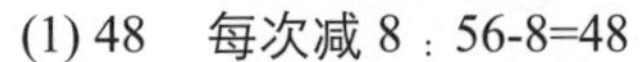

我能答出前四道题，但是最后一题我只能狼狈而退啊。

(1) 48　每次减 8：56-8=48
(2) 470　每次加 90：380+90=470
(3) 324　每次乘以 3：108 × 3=324
(4) 1　每次除以 5：5 ÷ 5=1
(5) 81，64，49，36，？

你说的是狼狈而退，而不是迷惑或者困惑，真是让我刮目相看啊！

简单的加减乘除，对某些数列并不见效。有些时候你需要仔细观察，开动脑筋。

我知道了！81、64、49 和 36 都是特别的数。下一个数肯定是 25！试试下面 3 道题。

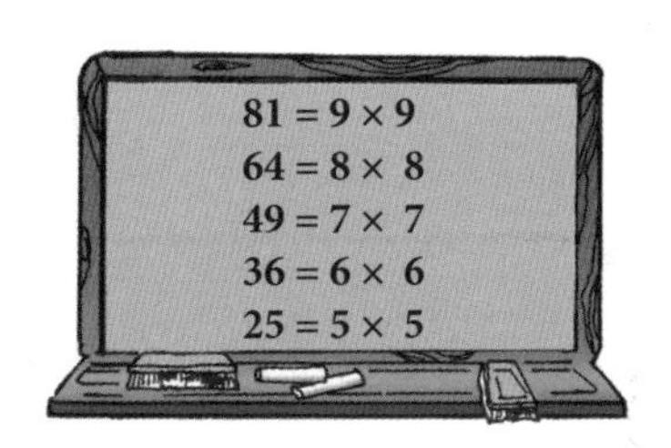

81 = 9 × 9
64 = 8 × 8
49 = 7 × 7
36 = 6 × 6
25 = 5 × 5

1) 27，21，15，9，？

2) $\frac{1}{16}$，$\frac{1}{8}$，$\frac{1}{4}$，$\frac{1}{2}$，？

3) 125，25，5，1，？

位值

每个学生都必须理解位值。我们拨开迷雾，看一下 72,846 这个数中每个数字的意义。

6 在个位 6×1=6
4 在十位 4×10=40
8 在百位 8×100=800
2 在千位 2×1000=2000
7 在万位 7×10 000=70 000

因此数值 72,846 代表：
70,000+2000+800+40+6。
这是数的展开式。

1) 642 379 这个数，万位上的数是多少？千位上的数是多少？

2) 690 的展开式是 600+90。写出 99 999 的展开式。

3) 9 876 543 210 的百万位数是 6。8 是哪个位上的数？ 9 呢？

底数

我们的进位制以 10 为底数，有个、十、百、千位，但我不明白是什么意思。

如果你明白它们包含不同的数位，以 10 为底数的情况就很容易理解了。

10 进制以个位开始，其他的数位依次乘以 10。每个数位可以出现的最大数字是 9。

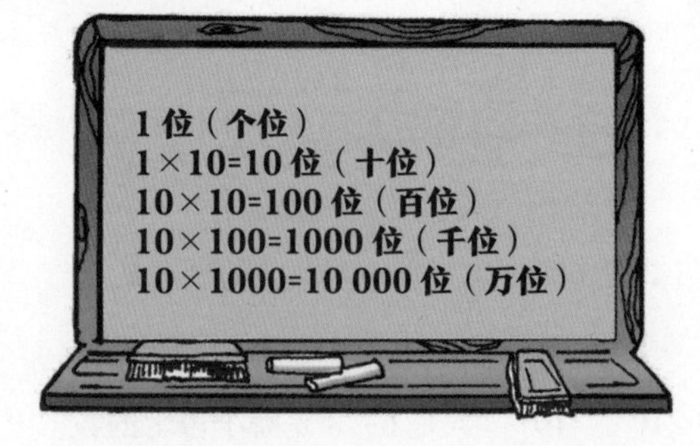
1 位（个位）
1×10=10 位（十位）
10×10=100 位（百位）
10×100=1000 位（千位）
10×1000=10 000 位（万位）

我们看看 341 中每个数字的意思。
3 在百位
4 在十位
1 在个位
展开式：
3×100+4×10+1×1=341

1) 24 532 中，4 代表什么？

2) 555 的展开式是什么？

第4章 小数

我们上一章学习了位值。7632 代表 7000+600+30+2。我发现有些数还包括小数点，641.27 是什么意思呢？

小数点后的数字也有位值。看看 10 进制的数位值。

10 进制数位值

1000 100 10 1 $\frac{1}{10}$ $\frac{1}{100}$

这就意味着 641.23 的展开式是：

$600+40+1+\frac{2}{10}+\frac{3}{100}$

如果你把 641.23 想象成金额，就更容易理解了。

100美元 100美元 100美元 100美元 100美元 100美元

10美元 10美元 10美元 10美元

1美元

1)　写出 38.34 的展开式。

2)　写出 512.111 的展开式。

小数题最难的部分在于，它们
并不像整数问题那样容易思
考。看一下这几道小数题。

(1)　鱼市上三文鱼的价格是每磅 9.25 美元。那么买 3.2 磅三文鱼需要多少钱?

(2)　阿德里安的宠物猫重 10.35 磅，他的宠物鱼重 0.2 磅。阿德里安的宠物猫比他的宠物鱼重多少?

(3)　玛丽雅花 81.6 美元买了 6.4 磅鱼，每磅鱼的价格是多少?

(4)　阿德里安抱着他的宠物猫称重。如果阿德里安重 62.65 磅，猫重 10.35 磅，那他们总重多少?

小数的加减问题很容易算，但对乘除问题我们就需要用 2-10 法了。

我也是！看我用 2-10 法修改第一个问题。

(1) 鱼市上三文鱼的价格是每磅 2 美元。那么买 10 磅三文鱼需要多少钱？

不难看出，我需要相乘。我把实际的数字代入相乘。

(1) 鱼市上三文鱼的价格是每磅 9.25 美元。那么 3.2 磅需要多少钱？

$9.25\times3.2=29.6$ 美元

进行小数的加减运算时，记得要对齐小数点。看一下问题(2)和问题(4)。

(2) 阿德里安的宠物猫重 10.35 磅，他的宠物鱼重 0.2 磅。阿德里安的宠物猫比他的宠物鱼重多少？

$$\begin{array}{r} 10.35 \\ -\ 0.20 \\ \hline 10.15 \end{array}$$

阿德里安的宠物猫比他的宠物鱼重 10.15 磅。

(4) 阿德里安抱着他的宠物猫称重。如果阿德里安重 62.65 磅，猫重 10.35 磅，那他们总重是多少？

$$\begin{array}{r} 62.65 \\ +10.35 \\ \hline 73.00 \end{array}$$

他们的总重是 73 磅。

问题（3）很有迷惑性，所以我选择用 2-10 法。我用 10 替代 81.60 美元，用 2 替代 6.4。那就来做题吧。
(3) 玛丽雅花 10 美元买了 2 磅鱼，每磅鱼的价格是多少？

用 2-10 法时记住用 10 替代较大的数，用 2 替代较小的数。

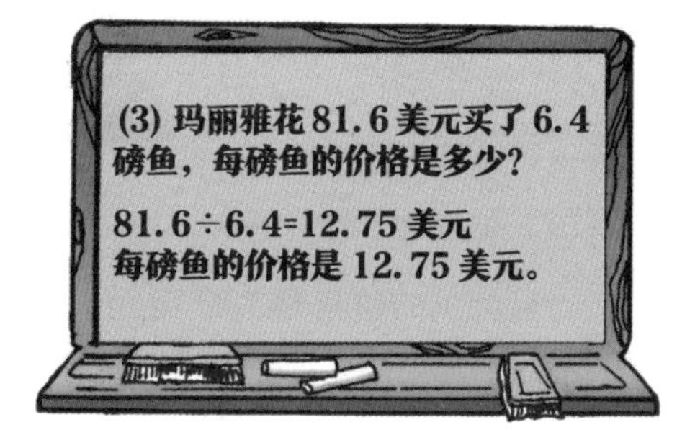
(3) 玛丽雅花 81.6 美元买了 6.4 磅鱼，每磅鱼的价格是多少？
81.6÷6.4=12.75 美元
每磅鱼的价格是 12.75 美元。

第5章　钱

我放学之后在一家商店上班，有时候顾客们的一些行为让我很困惑。比如他们买了12.38美元的东西，他们会给我20美元和13美分。他们为什么要这样做？他们这是在耍我吗？

我也遇到过同样的事情。如果顾客不这样做，你就要找给他两个25美分、一个10美分和两个1美分的硬币。他可能不想随身带着这么多零钱。

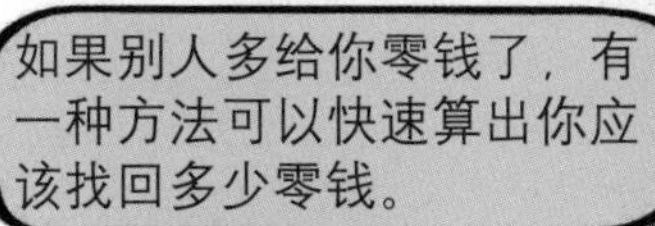

如果别人多给你零钱了，有一种方法可以快速算出你应该找回多少零钱。

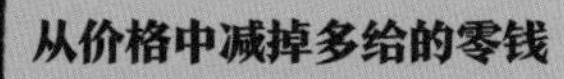

从价格中减掉多给的零钱

12.38 美元
−0.13 顾客多给的零钱
12.25 美元

现在很容易就可以确定找零了：
20 美元 −12.25 美元 =7.75 美元

别用纸、笔或计算器，解决下列问题：

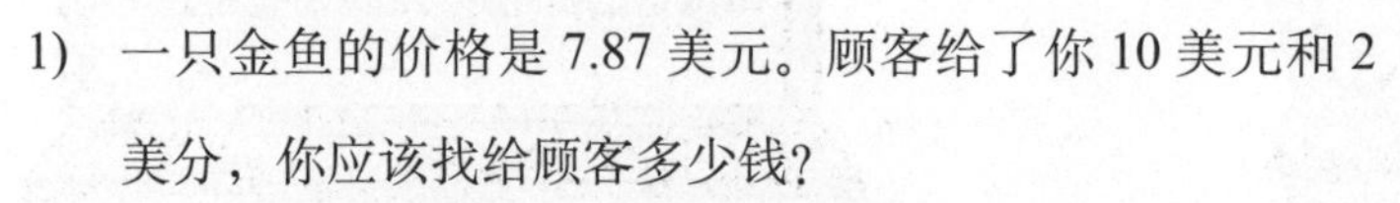

1) 一只金鱼的价格是7.87美元。顾客给了你10美元和2美分，你应该找给顾客多少钱？

2) 一只举重蚂蚁要9.82美元。顾客给了你20美元和7美分，你应该找给顾客多少钱？

3) 3只举重蚂蚁要21.15美元。顾客给了你一张20美元和一张5美元的纸币，以及一个25美分的硬币，你应该找给顾客多少钱？

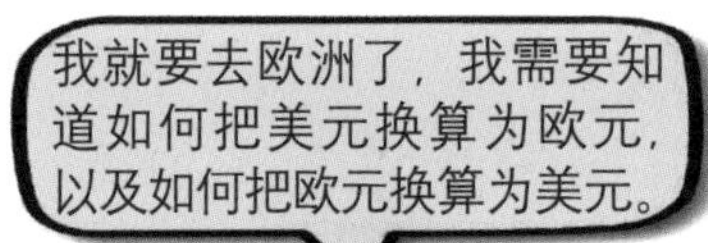
我就要去欧洲了，我需要知道如何把美元换算为欧元，以及如何把欧元换算为美元。

有一种方法是写出两个分数。比如说，1 欧元等于 1.2 美元，你想知道 24 美元可以换成多少欧元。

分数 1 **分数 2**

$$\frac{1\text{欧元}}{1.5\text{美元}} \quad \frac{?\text{欧元}}{30\text{美元}}$$

现在想一想，1.5 美元乘以或除以多少可以得到 30 美元。你就可以发现需要乘以 20。接下来，为公平起见，对分数上面的数也进行同样的操作——乘以 20。

分数 1 **分数 2**

$$\frac{1\text{欧元}}{1.2\text{美元}} \ (\times 20) \ \frac{?\text{欧元}}{24\text{美元}}$$

分数 1 **分数 2**

$$\frac{1\text{欧元}}{1.5\text{美元}} \ \begin{matrix}(\times 20)\\(\times 20)\end{matrix} \ \frac{20\text{欧元}}{30\text{美元}}$$

1) 如果 1 欧元等于 1.2 美元，那么 120 美元可以换到多少欧元？

2) 如果 35 欧元等于 42 美元，那么 4.2 美元等于多少欧元？

3) 如果 1 欧元等于 1.2 美元，那么 1 美元等于多少欧元？

第 6 章　分数

分数对应的英语单词是*fraction*，这个单词源于拉丁语，意思是分割。我们需要用分数来测量一个整体被“分割”后的部分。
我有一个叔叔就不知道怎么用分数。他做饼干时，就会把配料的用量近似地取为整数。看看他对我的饼干食谱做了什么！

如果每次测量结果都是一个整数，那对学数学的学生来说就太好了。

最佳饼干食谱

燕麦　2 杯
泡打粉　$\frac{1}{8}$汤匙
香蕉　$\frac{1}{2}$根
糖　$\frac{3}{8}$杯
苹果酱　$\frac{3}{8}$杯
黄油　$\frac{5}{8}$条
葡萄干　1 杯

我叔叔的饼干食谱

燕麦　2 杯
泡打粉　1 汤匙
香蕉　1 根
糖　1 杯
苹果酱　1 杯
黄油　1 条
葡萄干　1 杯

谁想吃饼干？

不想！
我刚吃过！
下次吧，等你学会使用分数了之后。

有很多种方法可以解决分数问题。我们把第一种方法叫作“比萨衡量”法。

我知道了！衡量意味着思考，所以你应该用比萨探讨分数问题。

问题 1：9 个人分 3 个比萨。每个人可以分得多少比萨？画图之后，很容易就可以看出每个人可分得$\frac{1}{3}$个比萨。

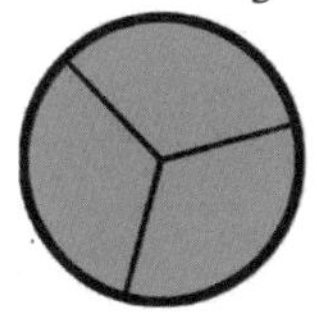 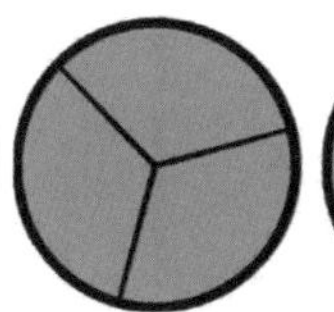 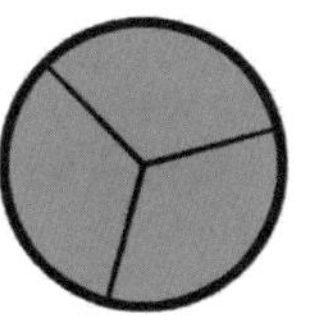

问题 2：7 个人分 4 个比萨。每个人可以分得多少比萨？因为有 7 个人，所以把每个比萨分成 7 份。

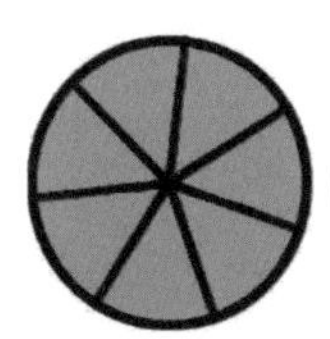 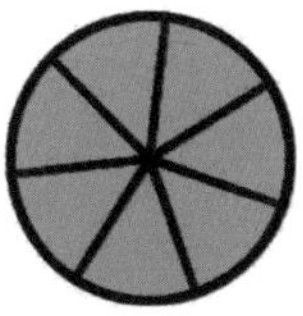 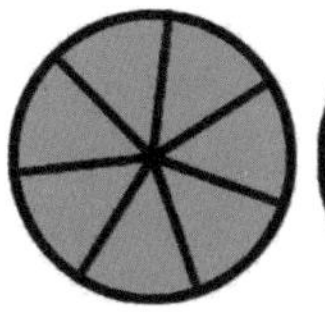 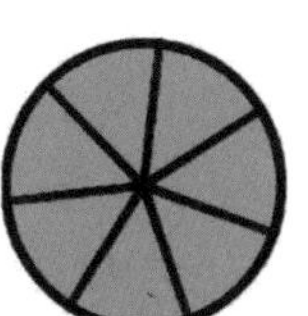

每个人可以分得每个比萨的$\frac{1}{7}$，总共可以获得$\frac{4}{7}$个比萨。分数似乎很简单啊！

问题 3：$\frac{1}{4}$的$\frac{1}{2}$是多少？

换句话说：$\frac{1}{4}$个比萨的$\frac{1}{2}$是多少？

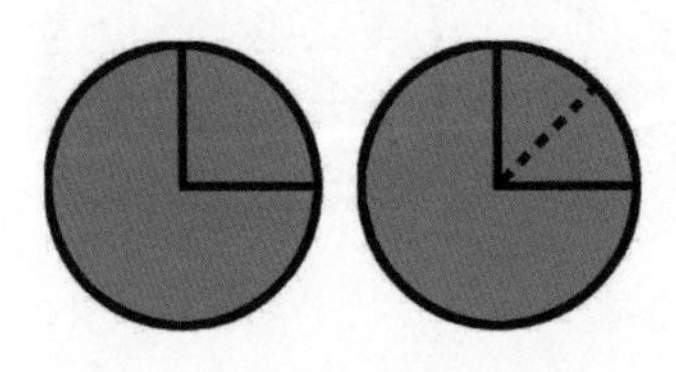

现在很容易可以看出，$\frac{1}{4}$个比萨的$\frac{1}{2}=\frac{1}{8}$个比萨。

问题 4：$\frac{1}{2}$的$\frac{1}{4}$的$\frac{1}{2}$是多少？

换句话说：一个比萨的$\frac{1}{2}$的$\frac{1}{4}$的$\frac{1}{2}$是多少？

第一步：$\frac{1}{2}$的$\frac{1}{4}$。

把一个比萨从中间分开后，很容易就可以看出$\frac{1}{2}$个比萨的$\frac{1}{4}$是$\frac{1}{8}$个比萨。

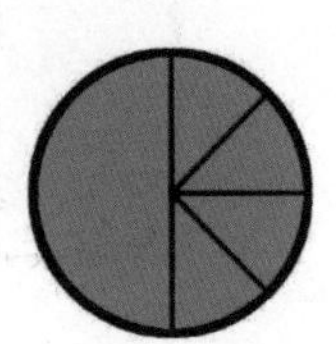

现在我们需要求出$\frac{1}{8}$个披萨比萨的$\frac{1}{2}$是多少。看，是$\frac{1}{16}$个比萨。

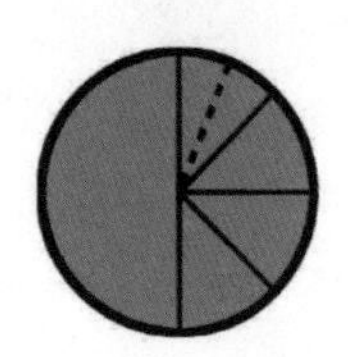

下一个解决分数问题的方法叫作“了不起的捷径”。这种方法仍需要思考，但是相比于画比萨图，它能够让你更快地解决分数问题。现在我们用“了不起的捷径”法来解决上面的 4 个问题。

解决这个问题之前，我们需要了解一下分数的组成部分。

问题 1：9 个人分 3 个比萨。每个人可以分得多少比萨？

分数线的上面
分数线，表示的意义是除以
分数线的下面

这一部分非常、非常重要！一个分数的意义是：

分子除以分母

$$\frac{\text{分子}}{\text{分母}}$$

除以

$$\frac{3\text{ 个比萨}}{9\text{ 个人}}$$

除以

我们把这个问题转化为一个分数。因为我们要分 3 个比萨，所以 3 应该放在分数的上面。

这样这个问题就非常简单了！每个人可以分到$\frac{3}{9}$个比萨。因为$\frac{3}{9}=\frac{1}{3}$，所以我们的答案是每个人可以分到$\frac{1}{3}$个比萨。

问题 2：7 个人分 4 个比萨。每个人可以分得多少比萨？

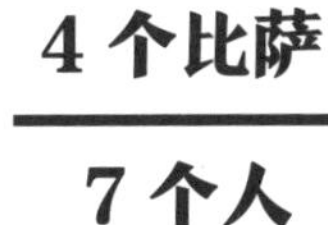
4 个比萨
7 个人

除以

是的——用“了不起的捷径”法，可以让问题变得非常简单！每个人可分得$\frac{4}{7}$个比萨。

027

问题 3：有点不一样。当你要取某物的几分之几，比如$\frac{1}{4}$的$\frac{1}{2}$，你只需将分数相乘。相乘时，分子乘以分子，分母乘以分母。

$\frac{1}{4}$的$\frac{1}{2}$即：

$\frac{1}{2} \times \frac{1}{4} = \frac{1}{8}$

$$\frac{1 \times 1}{2 \times 4} = \frac{1}{8}$$

问题 4：$\frac{1}{2}$的$\frac{1}{4}$的$\frac{1}{2}$是多少？

$$\frac{1 \times 1 \times 1}{2 \times 4 \times 2} = \frac{1}{16}$$

用比萨衡量法与了不起的捷径法解决下列问题。

1) 9 个人分 2 个比萨，每个人可分得多少比萨？

2) $\frac{1}{4}$的$\frac{1}{8}$是多少？

3) 4 个人正在分$\frac{1}{2}$个比萨。每个人将分得多少比萨？

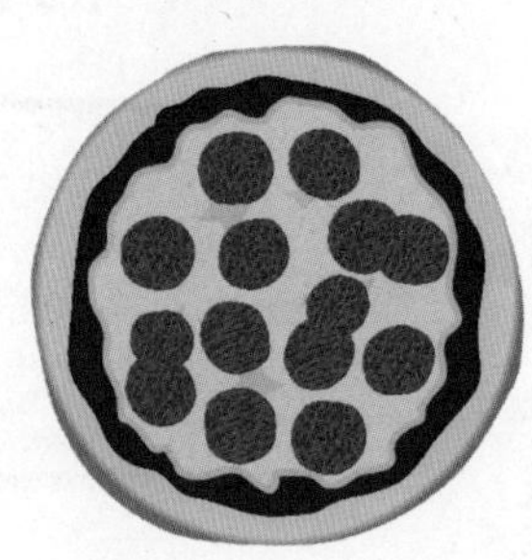

第 7 章　百分数

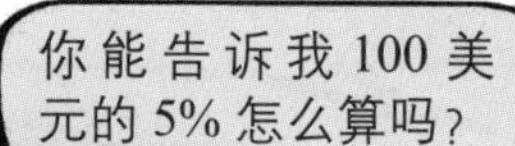
你能告诉我 100 美元的 5% 怎么算吗？

你只要把数字放进百分器里，就能算出百分数了。

百分器能够把任何东西分成 100 等份。让我们把这 100 美元放进这个机器里吧。

100美元

百分器

%

我明白了。百分器把 100 美元分成了 100 等份。每份是 1 美元，所以 100 美元的 1% 就是 1 美元。

1美元 1美元 1美元 1美元 1美元 1美元 1美元 1美元 1美元 1美元
1美元 1美元 1美元 1美元 1美元 1美元 1美元 1美元 1美元 1美元
1美元 1美元 1美元 1美元 1美元 1美元 1美元 1美元 1美元 1美元
1美元 1美元 1美元 1美元 1美元 1美元 1美元 1美元 1美元 1美元
1美元 1美元 1美元 1美元 1美元 1美元 1美元 1美元 1美元 1美元
1美元 1美元 1美元 1美元 1美元 1美元 1美元 1美元 1美元 1美元
1美元 1美元 1美元 1美元 1美元 1美元 1美元 1美元 1美元 1美元
1美元 1美元 1美元 1美元 1美元 1美元 1美元 1美元 1美元 1美元
1美元 1美元 1美元 1美元 1美元 1美元 1美元 1美元 1美元 1美元
1美元 1美元 1美元 1美元 1美元 1美元 1美元 1美元 1美元 1美元

如果 1% 是 1 美元，那么很容易就可以求出 5% 是多少。5% 肯定是 5 美元！百分器确实让问题变简单了。

既然你已经知道怎么用百分器了，告诉我怎么算这个馅饼的 38%。

我这么美，不要把我放进这个机器里！

因为百分器能把任何东西都分成 100 等份，所以我应该把馅饼放入这个机器中，然后给你其中的 38 份。

百分器

现在这个馅饼已经被分成 100 等份了。要想得到这个馅饼的 38%，我只需取出其中的 38 份就可以了。

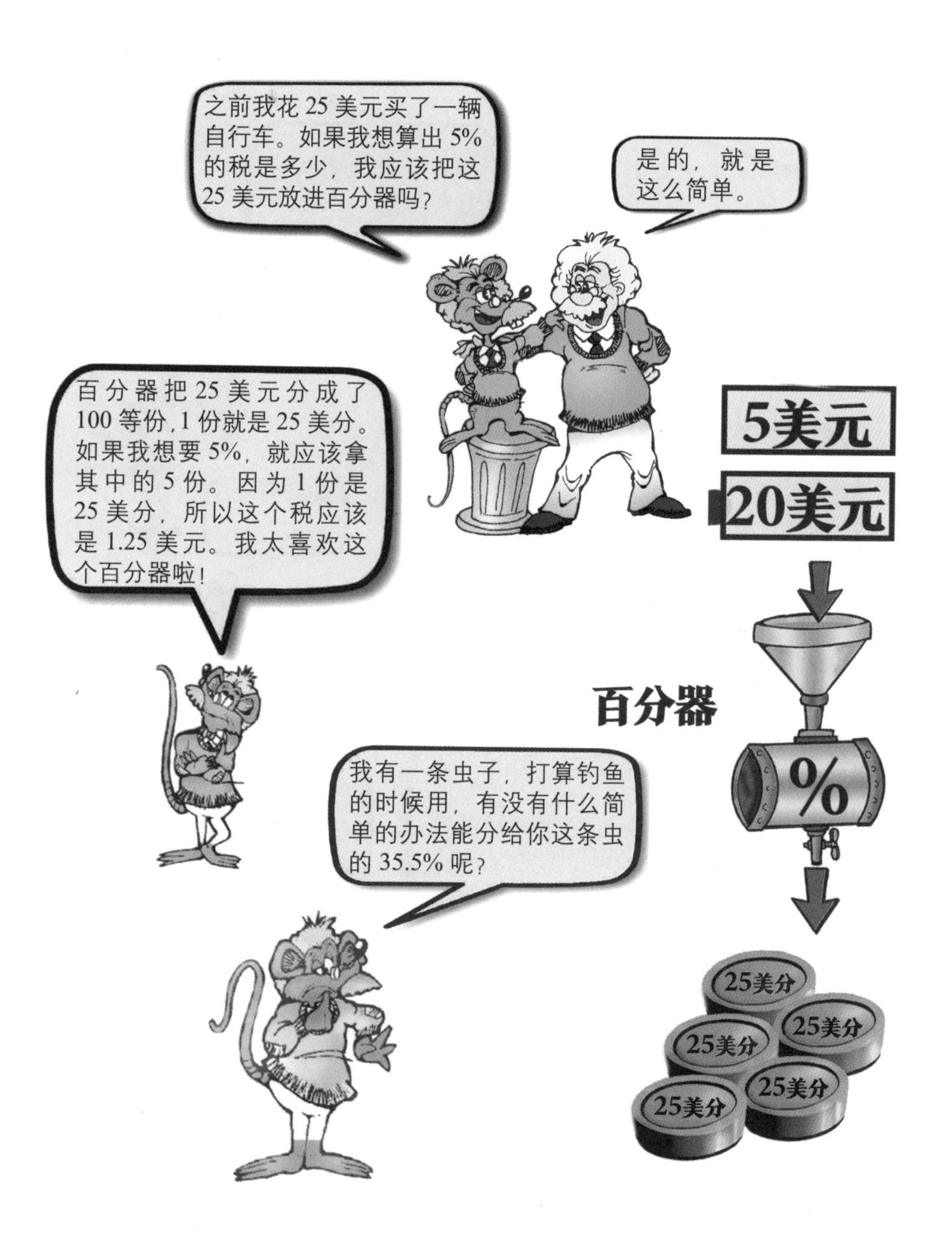
之前我花 25 美元买了一辆自行车。如果我想算出 5% 的税是多少，我应该把这 25 美元放进百分器吗？
是的，就是这么简单。
5美元
20美元
百分器把 25 美元分成了 100 等份，1 份就是 25 美分。如果我想要 5%，就应该拿其中的 5 份。因为 1 份是 25 美分，所以这个税应该是 1.25 美元。我太喜欢这个百分器啦！
百分器
%
我有一条虫子，打算钓鱼的时候用，有没有什么简单的办法能分给你这条虫的 35.5% 呢？
25美分
25美分
25美分
25美分
25美分

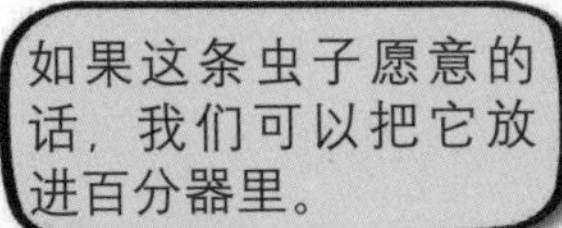
如果这条虫子愿意的话，我们可以把它放进百分器里。

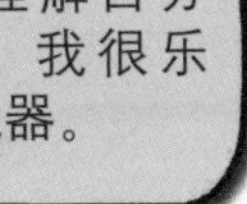
如果对你理解百分比有帮助，我很乐意过这个机器。

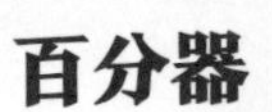
百分器

%
我感觉不太好……

现在我们把这条虫子分成了 100 等份。如果你想给我 35.5%，就需要给我其中的 35 份，再加上另一份的一半。

告诉你一个秘密。你并不需要买一台百分器。许多百分数问题只要动脑想一想就可以解决了，剩下的用计算器就能搞定。

一辆 82 美元的自行车在某州需要交 7% 的消费税，如果想求出这个消费税是多少，我应该怎么算呢？

只需要把这 82 美元放进百分器里，或者用计算器除以 100。从这个机器中出来的每一份都是 82 美分，一共有 100 份 82 美分。现在只需取其中的 7 份。

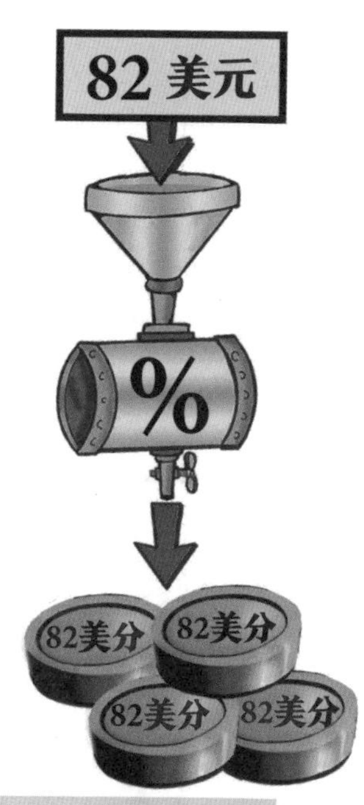
82 美元
%
82美分
82美分
82美分
82美分

用百分数解决一些问题之后，很快你就会发现百分数其实是另一种形式的分数，用来描述某物的一部分。下面我们来看一看某物的不同部分。

某物的 25% 相当于它的$\frac{1}{4}$。
某物的 50% 相当于它的$\frac{1}{2}$。
某物的 20% 相当于它的$\frac{1}{5}$。
某物的 100% 相当于它的整体。

这个稍微有点儿难理解。50 美元的 200%，其实就是 50 美元的两倍，即 100 美元。

1) 200 的 1% 是多少？
2) 1000 的 25% 是多少？
3) 10 的 300% 是多少？
4) 10 的 10% 是多少？
5) 95 的 17% 是多少？
6) 60 的 15% 是多少？
7) 200 的 75% 是多少？
8) 80 的 10.5% 是多少？
9) 20 的 20% 是多少？
10) 500 的 0.5% 是多少？

百分数变小数

我们一直使用的这种求一个数的百分数的方法，需要费力用百分数去想。有一种捷径，虽然也需要想，但没那么麻烦。这种方法就是先将百分数变为小数，然后再做乘法。观察下列百分数，以及各个百分数转化的小数，看一看你能不能弄明白我是怎么做的。

我知道你是怎么做的了。你把小数点向左移了两位。虽然在35%或者8%中没有看到小数点，但实际上是有的。就像35和8一样，通常都不把小数点标出来，但实际上它是存在的。35.0、8.0、35.0%、8.0%。

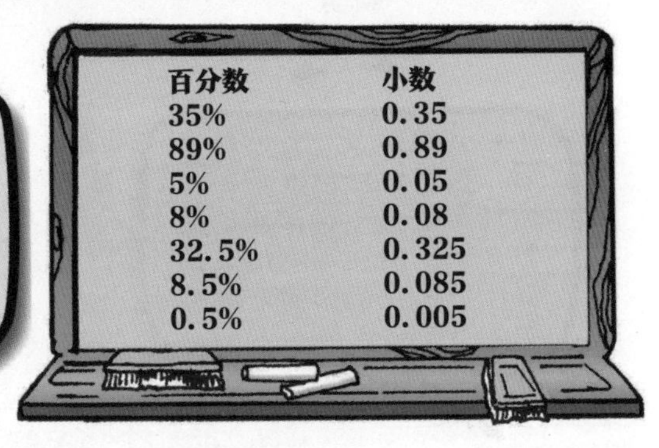

百分数	小数
35%	0.35
89%	0.89
5%	0.05
8%	0.08
32.5%	0.325
8.5%	0.085
0.5%	0.005

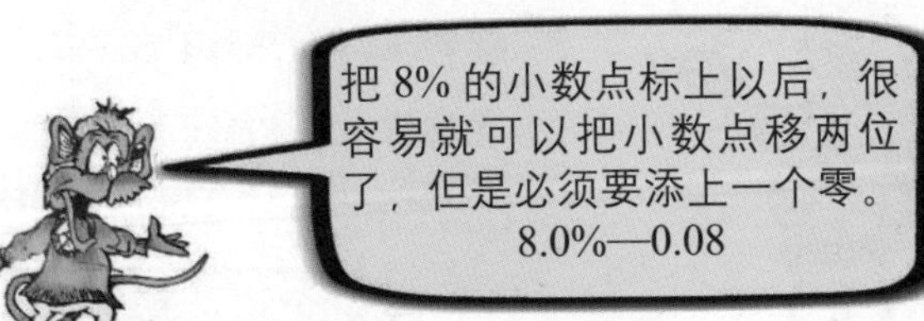
把8%的小数点标上以后，很容易就可以把小数点移两位了，但是必须要添上一个零。
8.0%—0.08

我们先求出200的1%，就可以求出200的17%了。200÷100=2。如果1%表示2，那么17%就是17×2=34。

我们也可以使用新学的捷径法，把17%转化为小数，然后再做乘法：0.17×200=34。

1) 一辆自行车要 175 美元，还要 6% 的消费税，那么买这辆自行车一共需要多少钱？

2) 一只 25 美元的火鸡在感恩节过后降价 25%。这只火鸡的价格降了多少美元？

3) 里克的银行账户里有 480 美元。如果他花掉了其中的 72.5%，那么还剩下多少钱？

4) 人们在餐馆吃饭时，通常会留下 15% 的小费。有一次，你一餐花费了 91 美元，但因为这次服务特别好，你想给 19% 的小费，那么你应该留下多少钱作为小费？

5) 布里安娜的狗生病了，所以布里安娜和戴维带着它去看兽医。戴维提出愿意支付 100 美元医药费中的 0.25%。那么戴维愿意支付多少钱？

小数变百分数

我刚刚拿回我的测验结果，80 道题中答对了 64 道。我想知道我的分数是多少。

如果有 100 道题的话，我知道你的分数应该是 64%，但现在只有 80 道题，你的分数就不一样了。我知道需要用 64 比 80，但是我不确定这该怎么算。

用百分数比较数字，非常简单。如果你需要比较 64 和 80，首先需要做的就是列一个分数。分数中的这条线表示“比（：）”。

64 比 80 可以写作 $\frac{64}{80}$

这个分数表示 64 ：80

分数中的这条线也表示除法，所以答案是 64÷80=0.80。现在我需要把 0.80 变成百分数。我猜应该把小数点向右移两位。所以我的分数是 80%，我通过了这次测验。

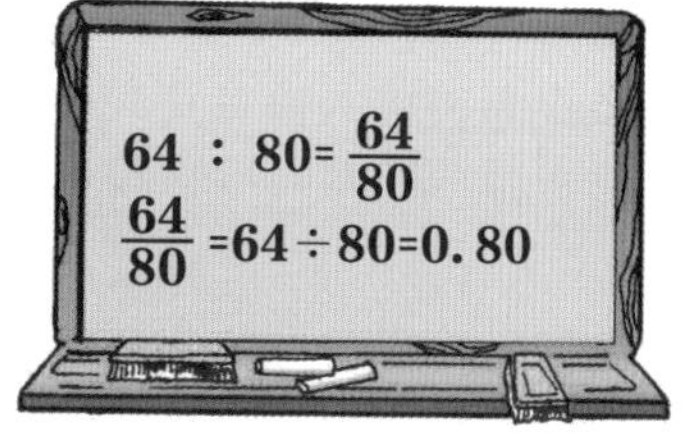
64 ：80= 64/80
64/80 =64÷80=0.80

我们把百分数转化为小数时，是把小数点向左移两位：

75.0%=0.75

反过来，如果我们想把小数转化为百分数，就要把小数点向右移两位：

0.63=63%

将下列小数转化为百分数

1) 0.45　2) 0.08　3) 0.11　4) 0.005　5) 3.25

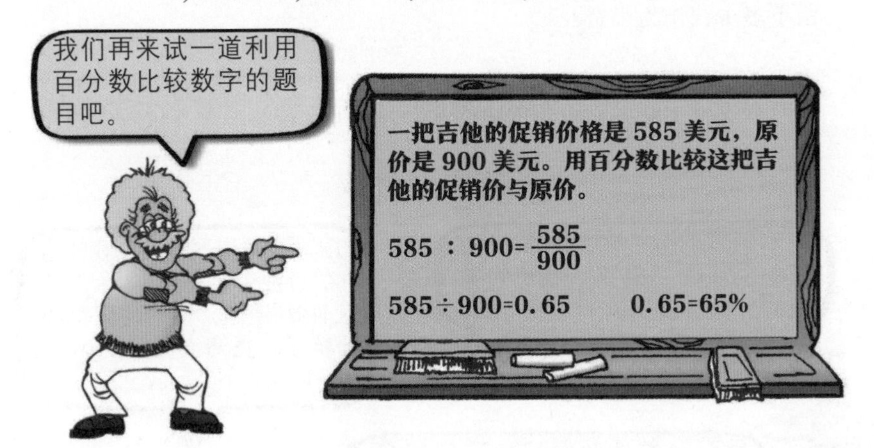
我们再来试一道利用百分数比较数字的题目吧。
一把吉他的促销价格是585美元，原价是900美元。用百分数比较这把吉他的促销价与原价。
585 ：900=$\frac{585}{900}$
585÷900=0.65　　0.65=65%

1) 一次测验共50道题，金妮答对了45道。金妮的分数用百分数来表示是多少？

2) 一次测验中共有30道题，安德鲁答错了3道。他的正确率是多少？

3) 自由女神像的高度是305英尺，一个小孩高4英尺。小孩的身高是自由女神像高度的百分之多少？（四舍五入到整百分数）

4) 1938年的最低工资是25美分，2013年的最低工资是7.25美元。1938年的最低工资是2013年最低工资的百分之多少？（四舍五入到整百分数）

5) 史上最高的人高8英尺11英寸，最矮的人高22英寸。最矮的人的身高是最高的人的百分之多少？（四舍五入到整百分数）

增长或降低的百分比

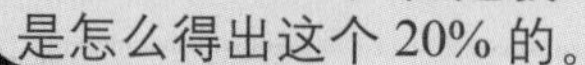
还有一种百分数的问题我不太明白。我妈妈说她之前一小时挣 25 美元，现在一小时可以挣 30 美元。她说这是上涨了 20%，但是我不太清楚她是怎么得出这个 20% 的。

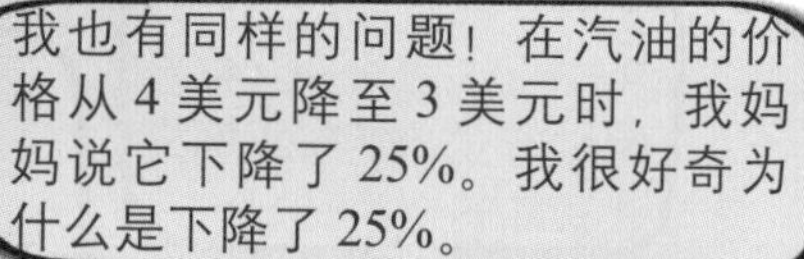

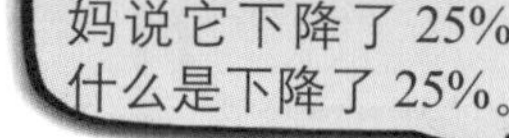
我也有同样的问题！在汽油的价格从 4 美元降至 3 美元时，我妈妈说它下降了 25%。我很好奇为什么是下降了 25%。

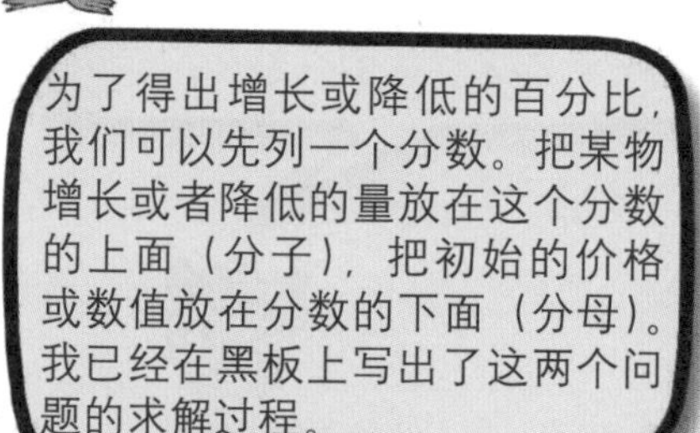
为了得出增长或降低的百分比，我们可以先列一个分数。把某物增长或者降低的量放在这个分数的上面（分子），把初始的价格或数值放在分数的下面（分母）。我已经在黑板上写出了这两个问题的求解过程。

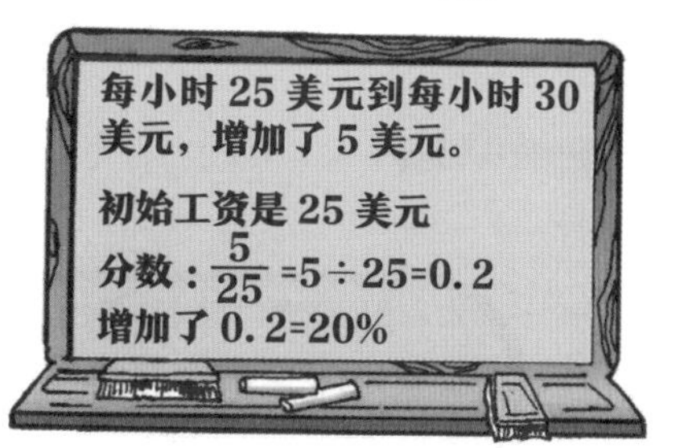
每小时 25 美元到每小时 30 美元，增加了 5 美元。
初始工资是 25 美元
分数：$\frac{5}{25}$=5÷25=0.2
增加了 0.2=20%

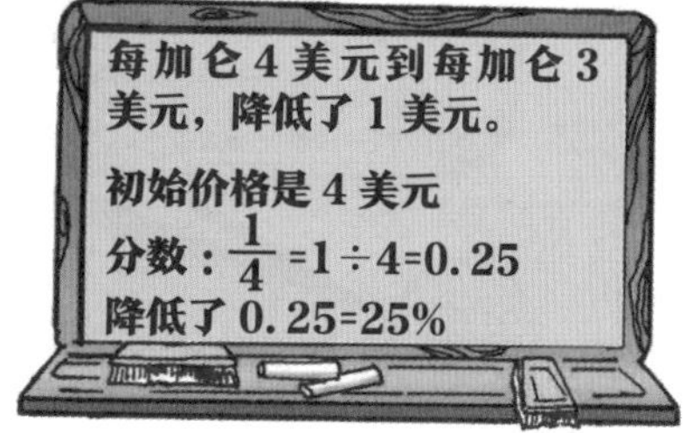
每加仑 4 美元到每加仑 3 美元，降低了 1 美元。
初始价格是 4 美元
分数：$\frac{1}{4}$=1÷4=0.25
降低了 0.25=25%

1) 苹果的价格从 50 美分涨到了 75 美分，增长了百分之几？

2) 一个孩子从 4 英尺长到了 5 英尺，他的身高增长了百分之几？

3) 零花钱从每周 4 美元降到了每周 1 美元，降低了百分之几？

4) 工资从每小时 20 美元降到了每小时 18 美元，降低了百分之几？

第 8 章　小数、分数与百分数的转化

人们描述某种东西的$\frac{1}{2}$时，我听他们会用到50%、0.5 或者$\frac{1}{2}$。那么哪种方式才能够正确描述物体的一半呢？

有时候我想，人们来自不同的国家。可能有一个叫作百分数的国家，还有两个分别叫作分数和小数的国家。来自百分数国家的人们就利用百分数来描述物体的一部分，而来自分数国家的人们就利用分数描述物体的一部分。

不，并没有不同的国家。百分数、分数和小数都可以用来描述物体的一部分。比如：描述物体的四分之一时，你可以用$\frac{1}{4}$、0.25 或者 25%。每一种说法都是对的。看一看这个图表，观察百分数、小数和分数的转化。

百分数	分数	小数
50%	$\frac{1}{2}$	0.5
25%	$\frac{1}{4}$	0.25
20%	$\frac{1}{5}$	0.2
10%	$\frac{1}{10}$	0.1
1%	$\frac{1}{100}$	0.01

这些只要想一想就很容易转化，但是有时我需要把不规则的百分数转化为小数，或者把不规则的小数转化为百分数。你能再说一下是怎么做的吗？

我记得在上一章中，把百分数转化为小数时，你是把小数点向左移动了两位。看一看我是怎么把这些百分数转化为小数的吧。记住，即使百分数中没有标出小数点，如 45%，它也的确是存在的：45.0% 变为 0.45。

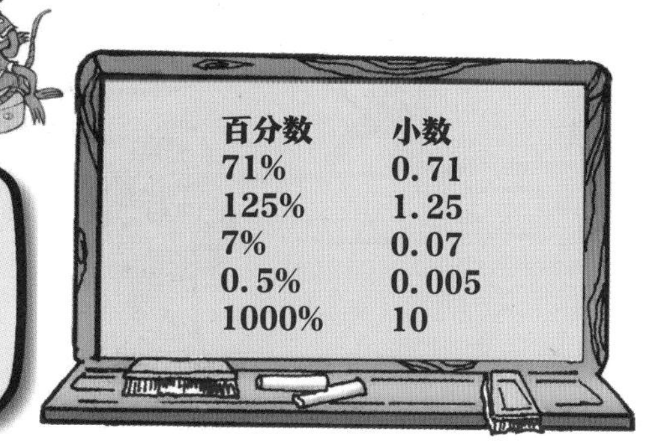

百分数	小数
71%	0.71
125%	1.25
7%	0.07
0.5%	0.005
1000%	10

我要把所有的这些百分数都写成带小数点的，这样就能更容易地看出你是怎么把小数点向左移动了两位，从而把百分数转化为小数。

显示小数点

百分数	小数
71.0%	0.71
125.0%	1.25
7.0%	0.07
0.5%	0.005
1000.0%	10

你看，把小数转化为百分数也很简单。这次只需要把小数点向右移动两位。

小数	百分数
0.82	82%
6.25	625%
0.03	3%
0.001	0.1%
5.0	500%

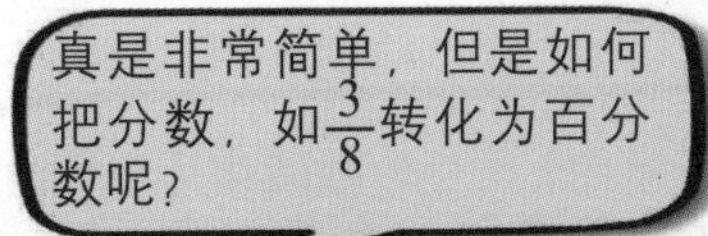
真是非常简单，但是如何把分数，如$\frac{3}{8}$转化为百分数呢？
要想把分数转化为百分数，你必须先把分数转化为小数。记住，分数中的这条线表示除以，所以$\frac{3}{8}$就等于 3 ÷ 8。
3 ÷ 8=0.375
接下来我就知道怎么做了。把小数点向右移两位。所以答案是 37.5%。
看一看我在下面的问题中，是如何把分数变成小数，然后再变成百分数的。为简单起见，其中有一些小数取了近似值。

分数	小数	百分数
$\frac{5}{8}$	0.625	62.5%
$\frac{1}{3}$	0.333	33.3%
$\frac{3}{7}$	0.4286	42.86%
$1\frac{7}{8}$	1.875	187.5%
$\frac{4}{9}$	0.4444	44.44%

把下列各数转化为分数、百分数或小数。

	百分数	分数	小数
1)	35%	?	?
2)	?	$\frac{1}{4}$	?
3)	?	$\frac{1}{20}$	?
4)	?	?	0.01
5)	100%	?	?
6)	?	$2\frac{1}{2}$	?
7)	1000%	?	?
8)	?	$\frac{1}{8}$	?
9)	?	?	0.09
10)	?	?	0.085

第9章 公制

温度：华氏度和摄氏度

我刚接到了我哥哥的电话，他正在班夫和贾斯珀国家公园野营。他说那里的温度是25摄氏度，而不是华氏度。他想知道这个温度是热还是冷。

因为你哥哥是在加拿大野营，在那里是用另外一种温度语言来描述温度的，这种温度语言叫作摄氏度。它与华氏度有着很大的区别。比如：水的沸点用摄氏度来描述的话是100度，而用华氏度描述的话则是212度。

100华氏度的水太适合洗澡了。

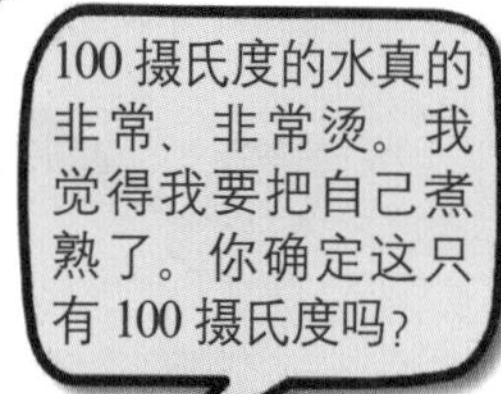

所以如果有人问我是否愿意在100度的水中洗澡时，我一定要问清楚是100摄氏度还是100华氏度！

100摄氏度的水真的非常、非常烫。我觉得我要把自己煮熟了。你确定这只有100摄氏度吗？

100摄氏度所表示的温度用华氏度来表示是212华氏度。你绝不会想在212华氏度的水中游泳！下一页中我们将看到能够把摄氏度转化为华氏度的机器，以及把华氏度转化为摄氏度的机器。

摄氏度

现在我明白了。就像在不同的语言如西班牙语中，单词是不一样的。我知道英文中的 dog（狗）用西班牙语说应是“perro”。我要用这两个机器把华氏度变为摄氏度，把摄氏度变为华氏度。

摄氏度-华氏度转化器

×1.8
+32
华氏度
摄氏度
÷1.8
−32
华氏度

它们真是神奇的机器。我们试着帮一帮你哥哥吧，把 25 摄氏度转化为华氏度。我把 25 放进摄氏度 - 华氏度转化器中：

$$25 \times 1.8=45 \quad 45+32=77$$

现在我们知道，25 摄氏度挺暖和的，因为它是 77 华氏度。试着做做下面这 5 道题。记住，把华氏度转化为摄氏度时，你需要反向使用这个机器，并把加法与乘法转化为相反的运算。

华氏度 - 摄氏度转化器。反向使用这个机器，进行相反的运算。

1) 把 5 摄氏度转化为华氏度。

2) 把 32 华氏度转化为摄氏度。

3) 把 72 摄氏度转化为华氏度。

4) 把 98.6 华氏度转化为摄氏度。

5) 把 0 摄氏度转化为华氏度。

距离：英里和千米

我开车去班夫和贾斯珀国家公园时，从蒙大拿州越过国界进入加拿大，之后看到了限速标志。上面写着我可以每小时行驶 100 千米。这似乎有点儿太快了！

我们刚刚学习了温度语言。其实，距离也有不同的描述方法。美国使用英里，加拿大和其他大多数国家则使用千米。

我猜我们得用到一种机器，把千米与英里进行相互转化。

这就是你说的那个机器。记住，如果你需要把千米转化为英里，就要反向使用这个机器，并进行相反的运算，即用除法。

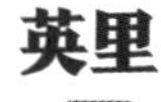
英里

×1.61

千米

100 千米 ÷1.61=62.1 英里。我觉得 100 千米 / 小时也没有那么快。我要用这个机器解决下面这些题。

1) 纽约到英国伦敦的距离是 5572 千米。5572 千米是多少英里？（四舍五入到整数）

2) 旧金山到檀香山的距离是 2400 英里。2400 英里是多少千米？

3) 地球到太阳的距离是 93 000 000 英里。如果用千米表示，太阳距离地球多远？（四舍五入到百万位）

4) 1 千米等于多少英里？（保留两位小数）

5) 绕地球一周的距离约为 40 250 千米。如果用英里表示，地球的周长是多少？

使用公制时，你还需要了解米、分米、厘米和毫米。如果你能记住下面这个表，它们就很容易用了。

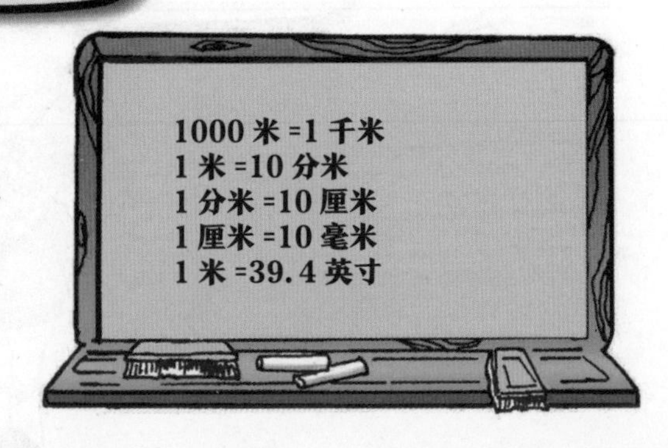
1000 米 =1 千米
1 米 =10 分米
1 分米 =10 厘米
1 厘米 =10 毫米
1 米 =39.4 英寸

试着解决下列问题。我已经给了你一个米 - 英寸转化器，以防你需要把米转化为英寸、英尺或码。

1) 2.5 米等于多少分米？

2) 1 米等于多少厘米？

3) 1 米等于多少毫米？

4) 2 米约等于多少码？（1 码 =36 英寸）

5) 4 分米等于多少英寸？

6) 197 英寸等于多少米？

7) 78.8 英寸等于多少毫米？

8) 3 分米等于多少毫米？

9) 75.8 毫米等于多少米？

10) 50 千米等于多少毫米？

米
×39.4
英寸

重量：千克与磅

关于加拿大之旅我还有一个问题。我知道自己大约重 55 磅，可我称体重时秤上显示只有 25 磅。这是为什么呢？

之前我们讨论了距离不同的原因是加拿大使用公制。重量也有它们自己的“公制语言”。几乎可以肯定，那台秤显示的是千克而不是磅。下面这个转换器会告诉你如何把千克转化为磅。

所以，如果我把 25 放入这个机器，就会得出我的体重是 25 千克 ×2.2=55 磅。这跟我料想的差不多。我要试一试把其他的重量放进这个转换器里。

千克
×2.2

磅

1) 100 千克 =____磅

2) 110 磅 =____千克

3) 一辆重 20 000 千克的卡车是否能够通过一座限重 40 000 磅的桥？

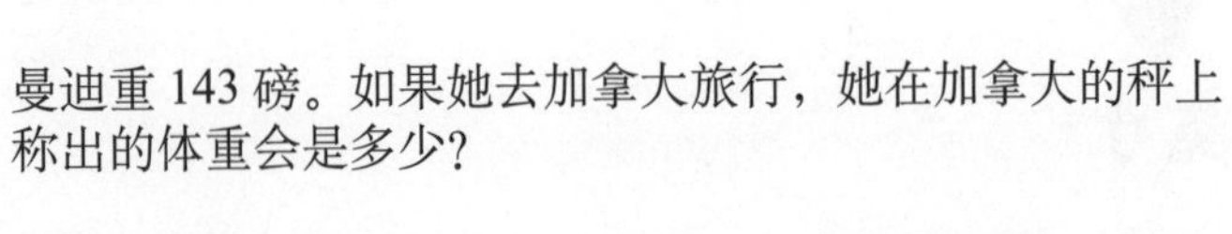

4) 曼迪重 143 磅。如果她去加拿大旅行，她在加拿大的秤上称出的体重会是多少？

5) 如果 1 磅黄金要 24 000 美元，那么 1 千克黄金要多少钱？

容量：升和夸脱

在公制中，测量容量时我们用升和毫升，而不用加仑、夸脱、品脱或者杯。这个机器将帮助你把升转化为夸脱，以及把夸脱转化为升。同时，我还在黑板上写了一些你需要知道的信息。

做下列问题时，你一定要记得，在把夸脱转化为升时，要反向使用这个机器，并把乘法变为除法。

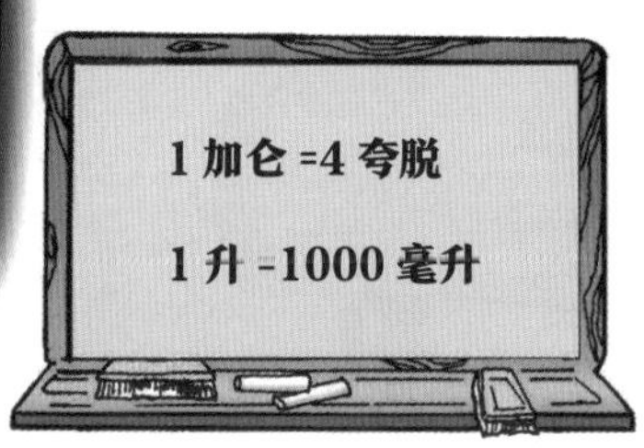

1 加仑 =4 夸脱
1 升 =1000 毫升

1) 3.5 升等于多少毫升？

2) 8500 毫升 =______升

3) 4000 毫升 =______夸脱

4) 250 毫升等于 1 升的几分之几？

5) 1.057 夸脱等于多少升？

6) 如果你喝了 4 升汽水，你喝了多少夸脱？

7) 1 加仑约等于多少升？（保留两位小数）

8) 每升 3 美元和每夸脱 3 美元，哪个更贵？

9) 如果汽油的价格是每升 1.5 美元，那么 4.228 夸脱的汽油要多少钱？

10) 如果汽油的价格是每升 1 美元，那么 50 夸脱的汽油要多少钱？

升
×1.057
夸脱

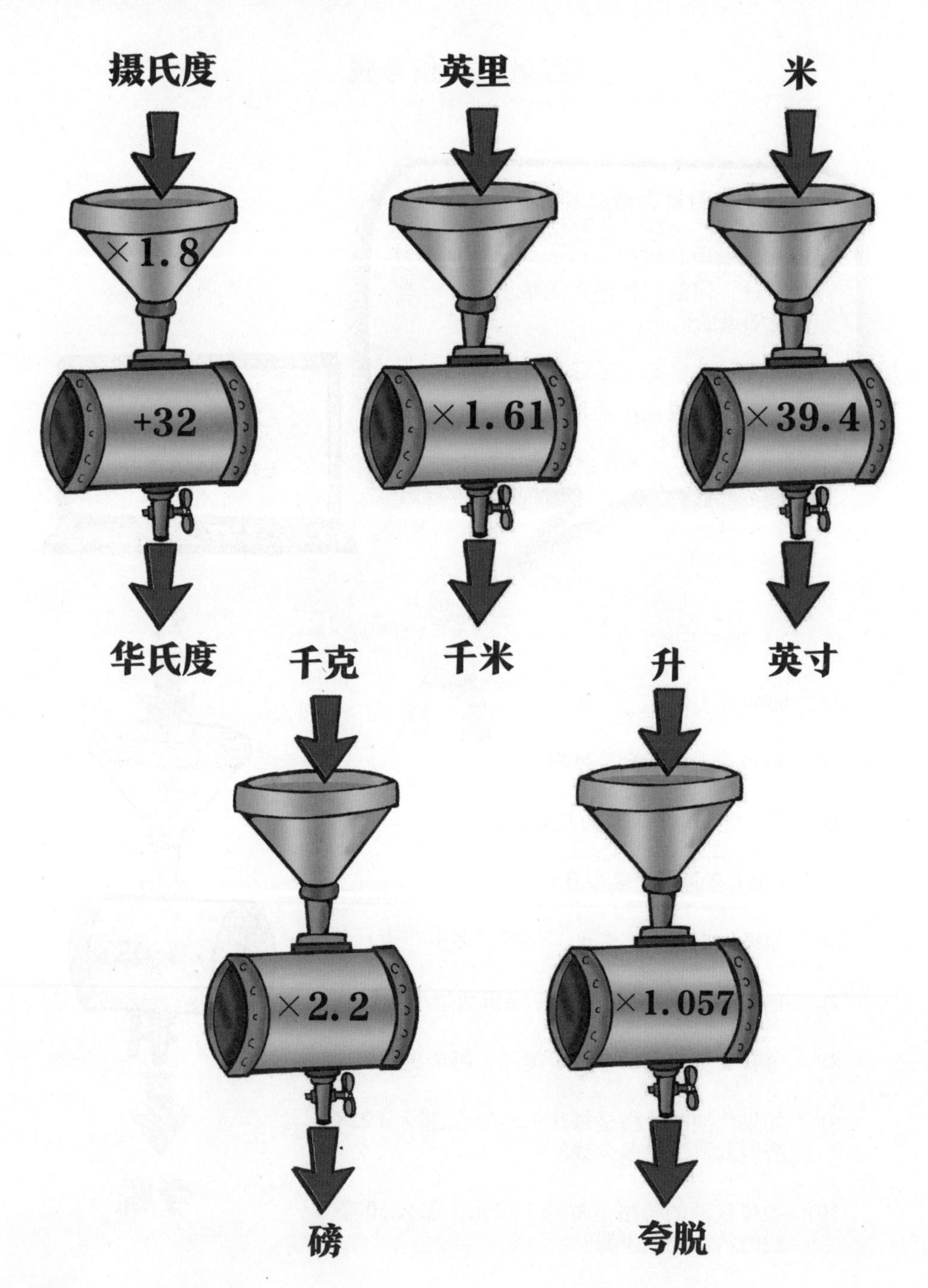
摄氏度
×1.8
+32
华氏度
英里
×1.61
千米
米
×39.4
英寸
千克
×2.2
磅
升
×1.057
夸脱

第 10 章　代数语言

我们刚刚学到，公制是用于物体测量的另一种语言。代数也是一种语言——它是一种数学语言。

一些人觉得代数对于小学生来说太难了，因为，通常到了初中才开始学代数。但这并不是真的！只要你记住，它是一种数学语言，代数其实非常简单。看一看我是怎么把下面的数学问题转化为代数语言的。

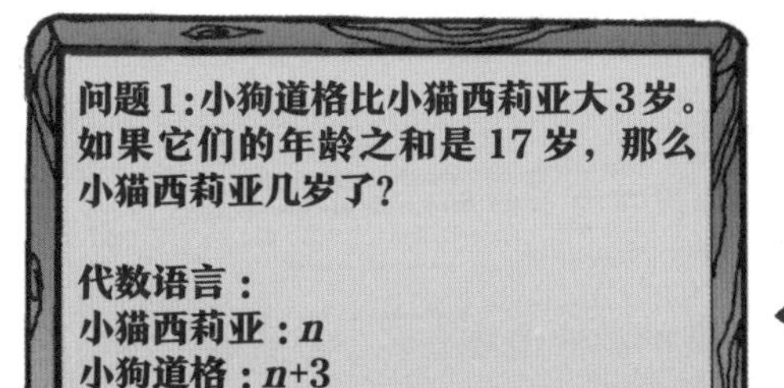
问题 1：小狗道格比小猫西莉亚大 3 岁。如果它们的年龄之和是 17 岁，那么小猫西莉亚几岁了？
代数语言：
小猫西莉亚：n
小狗道格：$n+3$

把问题转化为代数语言时，将最小的动物的年龄设为 n。现在我们知道小狗道格的年龄比 n 大 3 岁，所以他的年龄是 $n+3$。

问题 2：小狗道格的体重是小猫西莉亚体重的 2 倍。那么小狗道格的体重是多少？

代数语言：
小猫西莉亚：n
小狗道格：$2n$

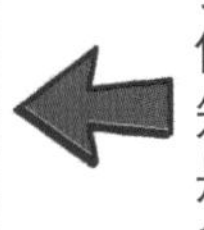

我们将最轻的动物的体重设为 n。现在我们知道小狗道格的体重是 n 的 2 倍，所以它的体重一定是 $2n$。

试着把下面的问题转化
为代数语言。

1) 我 n 小时跑完了马拉松。我多少分钟跑完了马拉松？

2) 我院子里的那棵树高 n 码。我院子里的那棵树高多少英尺？（1 码 =3 英尺）

3) 我花了 n 分钟洗盘子。我花了多少秒钟洗盘子？

4) 我家后院里的那个洞深 n 英尺。我家后院里的那个洞深多少英寸？（1 英尺 =12 英寸，1 米 =39.4 英寸）

5) 苏珊比德布拉大 5 岁。如果德布拉 n 岁了，那苏珊多大了？

6) 我的游泳池里有 n 加仑的水。我的游泳池里有多少夸脱的水？（1 加仑 =4 夸脱，1 升 =1.057 夸脱）

7) 一堆钱里有 n 个 10 美分的硬币。这堆钱的价值是多少美分？

8) 3 个连续的数中，如果最小的数是 n，那它们的和是多少？

9) 一个畜棚里有 n 头猪，而且猪的数量是鸭子的 2 倍。这个畜棚里一共有多少条腿？

10) 一个长方形的长是宽的 2 倍。如果它的宽是 n，那么这个长方形的周长是多少？

如果你不太明白的话，有一种非常简单的方法可以把问题转化为代数语言。

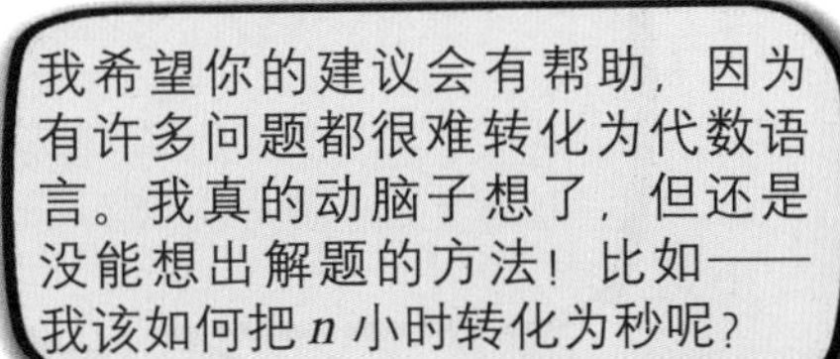
我希望你的建议会有帮助，因为有许多问题都很难转化为代数语言。我真的动脑子想了，但还是没能想出解题的方法！比如——我该如何把 n 小时转化为秒呢？

如果你想把 n 小时转化为秒，并用代数语言表示，你只需想一想如何把 3 小时转化为秒。

这很简单啊。我先算出 1 小时中有多少秒。我们来看看，1 小时等于 60 分钟，1 分钟等于 60 秒，那么 1 小时应有 $60\times60=3600$ 秒。3 小时应有 3×3600 秒。这可难不倒我！

你刚已经发现了，只要乘以 3600，你就可以把任意的小时数转化为秒数。同样，把 n 小时转化为秒，也只要乘以 3600 就行！

1 小时 =3600 秒
n 小时 =3600n 秒

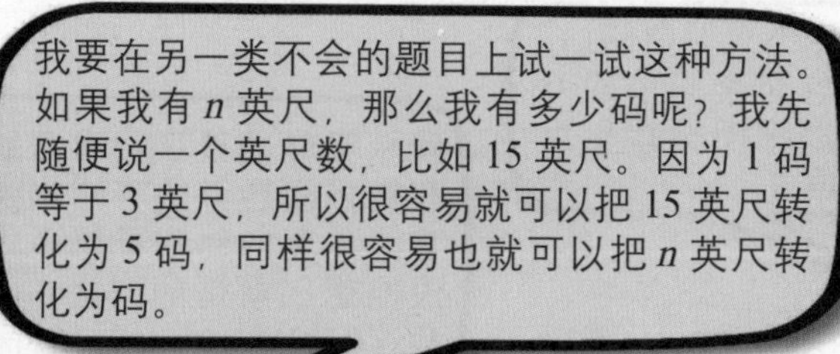
我要在另一类不会的题目上试一试这种方法。如果我有 n 英尺，那么我有多少码呢？我先随便说一个英尺数，比如 15 英尺。因为 1 码等于 3 英尺，所以很容易就可以把 15 英尺转化为 5 码，同样很容易也就可以把 n 英尺转化为码。

15 英尺 ÷3=5 码
n 英尺 ÷3=$\frac{n}{3}$码
（n 英尺 =$\frac{n}{3}$码）

将下列问题转化为代数语言。

1) n 英寸等于多少码？

2) n 小时等于多少天？

3) n 天等于多少年？

4) n 品脱等于多少加仑？

5) n 秒等于多少小时？

第 11 章　代数问题

既然你已经知道如何把数学问题转化为代数语言了，下面我将告诉你如何解决代数问题。

我们来看一看这个让人非常头疼的问题，大多数人只是靠瞎猜和乱试解决这个问题。如果你把这个问题转化为代数语言，然后利用代数解决这个问题，它将变得非常简单。

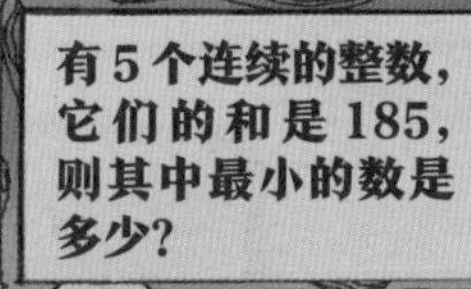
有 5 个连续的整数，
它们的和是 185，
则其中最小的数是
多少？

我记得如何把这个问题转化为代数语言。把最小的数看作 n，另外 4 个数就很简单了，逐次加 1 就行。

代数语言

最小的：n
下一个：$n+1$
下一个：$n+2$
下一个：$n+3$
下一个：$n+4$

现在你只需把这 5 个数加起来，并让他们等于 185 就行。我们把这个过程叫作**列方程**。虽然方程这个词听起来像是很高阶的数学，但实际上它真的没有那么难。

方程

$$n+n+1+n+2+n+3+n+4=185$$

现在我需要把所有 n 和数字加起来。得到 $5n+10=185$。接下来要怎么做呢？

方程

$$5n+10=185$$

方程

$$\begin{aligned}5n+10&=185\\ -10\ &\ \ -10\\ 5n&=175\end{aligned}$$

解方程时，你应该让含 n 的项单独待在方程的一侧。我们需要把 10 去掉，这样才能只剩下含 n 的项。

方程的左边减去 10，我们就可以把 10 消掉了。只要方程的右边也进行完全一样的运算，方程就能平衡了。代数规则允许我们这样做。

这是代数中非常重要的一条规则，一定要记住。你可以在方程的一边进行任何一种运算，只要你能保证对方程的另一边也进行一模一样的运算。

现在我们得到了 $5n=175$。也就是说 5 乘以某个数等于 175。用 175 除以 5 我就可以得到这个数。
$175\div5=35$
最小的数是 35！这可比瞎猜乱试简单多了。

我们再来做一道题。这道题很难对付，不过我敢肯定代数会帮忙解决的。现在我知道，首先我需要把问题转化为代数语言，然后再转化为方程，最后我需要解这个方程。

有一堆 5 美分和 10 美分的硬币，其中，10 美分硬币的数量是 5 美分的 5 倍，而且这堆钱一共有 4.4 美元。那么，这堆钱中有多少枚 5 美分的硬币？

代数语言

5 美分硬币的数量：n
10 美分硬币的数量：$5n$
5 美分硬币的总钱数：$5\times n$ 或 $5n$
10 美分硬币的总钱数：$10\times 5n$ 或 $50n$

我明白了。我们需要求出 5 美分硬币的总钱数和 10 美分硬币的总钱数。我们已经知道 5 美分硬币的数量是 n，所以 n 乘以 5 就是它的总钱数。10 美分硬币的数量是 $5n$，所以用 $5n$ 乘以 10 就可以得到它的总钱数。现在这个方程就很简单了！

方程

5 美分硬币的总钱数 +10 美分硬币的总钱数 =4.4 美元 =440 美分
即，$5n+50n=440$

那么，首先我需要算出 $5n+50n$，即 $55n$。现在我知道，55 乘以某个数等于 440。答案是 $440\div 55=8$。这堆钱里有 8 个 5 美分的硬币！

方程

$$5n+50n=440$$
$$55n=440$$

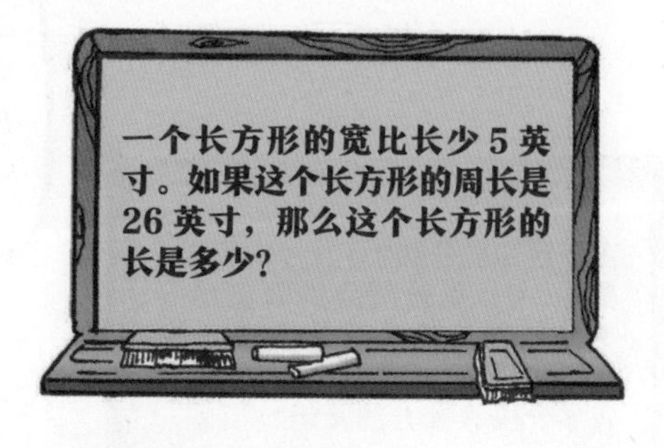
一个长方形的宽比长少 5 英寸。如果这个长方形的周长是 26 英寸，那么这个长方形的长是多少？

这里还有一道有点儿绕的题。可以帮你们巩固一下。

代数语言

长方形的长：n
长方形的宽：$n-5$

方程

$$n+n+n-5+n-5=26$$
$$4n-10=26$$

我明白你的意思了。我想要 $4n$ 单独在一边，但是如果我让 $4n-10$ 减去 10，我将得到 $4n-20$，这并没有什么用，因为我需要让 $4n-10$ 变为 $4n$。我想如果让它加上 10，就一定能解决这个问题！

方程

$$n+n+n-5+n-5=26$$
$$4n-10=26$$
$$+10 \quad +10$$
$$4n=36$$
$$n=9$$

1) 动物园里鸟的数量比蛇多 5 只。如果蛇与鸟的数量总和是 25，那么动物园中共有多少条蛇？

2) 布里安娜的年龄是布莱恩的 2 倍。如果他们的年龄之和是 21 岁，那么布莱恩的年龄是多少？

3) 口袋里 5 美分的硬币比 10 美分的多 4 枚。如果口袋里只有 5 美分和 10 美分的硬币，且一共有 30 枚，那么 10 美分的硬币有多少枚？

4) 盖布比卢克小 19 岁。如果他们的年龄之和是 23 岁，那么盖布的年龄是多少？

5) 威廉的年龄是威廉儿子的 2 倍，爷爷的年龄是威廉的 2 倍。如果他们的年龄之和是 140 岁，那么威廉的年龄是多少？

下面 5 道题有点儿难，如果你想接受挑战的话就试一试吧：

6) 农场里有 8 头牛，且鸭子的数量是猫的 2 倍。如果农场上只有猫、鸭子和牛三种动物，且它们的数量之和是 29，那么农场上有多少只猫？

7) 农场里只有鸡、牛和一只 6 条腿的狗叫六角。如果鸡的数量是牛的 3 倍，且农场里的动物一共有 66 条腿。那么这个农场里有多少头牛？

8) 海勒姆的年龄是德怀特的 4 倍。如果他们的年龄之和是 105 岁，那德怀特多少岁了？

9) 丹的年龄是瑞秋的 2 倍，且丹比布里亚大 3 岁。如果他们的年龄之和是 42 岁，那么丹多少岁了？

10) 5 个连续偶数之和是 520，则其中最小的数是多少？

第 12 章　概率

我们研究概率，实际上是在研究某件事情发生的可能性。这里有一些简单的概率问题，很容易就能给出答案。我们先从它们开始，然后再研究一些非常有趣的概率问题。

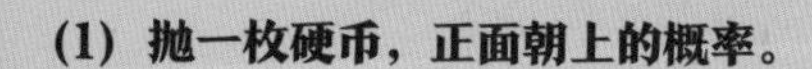

(1) 抛一枚硬币，正面朝上的概率。

(2) 掷一个骰子，出现“6”的概率。

(3) 一只瓶子里装着 50 个弹珠，其中有 10 个黑色弹珠，从中拿到一个黑色弹珠的概率。

这些问题太简单、太无聊啦。

$\frac{1}{2}$或者说二分之一

$\frac{1}{6}$或者说六分之一

$\frac{1}{5}$或者说五分之一

我已经准备好做一些有挑战性的题目了。

好的，那我们从抛硬币开始吧。把一枚硬币抛 2 次，2 次都是反面的概率是多少？如果抛 3 次，3 次都是正面的概率又是多少？我们也可以使用高级的数学术语来代替“2 次都是反面的概率是多少”这样的表述，我们可以写作：P（反，反）。

我明白这种高级的“数学语言”了。要解决第一个问题，我需要找出把一枚硬币抛 2 次所能出现的所有可能结果。我可能会得到以下任意一种结果：

正正　反反　正反　反正

所有的这些可能的结果之中，我可以清楚地看到 4 种中只有 1 种"结果"满足 2 次都是反面朝上的情况。所以，2 次都是反面的概率一定是$\frac{1}{4}$！

下一个问题就有点儿复杂了。把一枚硬币抛 3 次的话，将出现非常多的可能：

正、正、正　　正、正、反
正、反、反　　正、反、正
反、反、反　　反、正、正
反、反、正　　反、正、反

现在，很容易就能得出这个问题的答案了。8 种"结果"中，只有 1 种是 3 次正面，答案肯定是$\frac{1}{8}$。根据这一信息，我还能再编出一道概率问题：
如果把一枚硬币抛 3 次，至少出现 2 次正面的概率是多少？

所有"结果"中，至少出现了 2 次正面的情况有 4 种，概率一定是$\frac{4}{8}$，即$\frac{1}{2}$。

正、正、正　　正、正、反
正、反、反　　正、反、正
反、反、反　　反、正、正
反、反、正　　反、正、反

随着抛硬币的次数越来越多，把所有的结果都写出来会非常浪费时间。有一种捷径非常有用。每多抛一次硬币，所得的结果数将会翻一番：

抛 2 次：4 个事件
抛 3 次：8 个事件
抛 4 次：16 个事件

如果把一枚硬币抛 30 次，是否能够连续 30 次都得到正面呢？每一次都必须抛出正面，所以我的概率是所有情况中的一种。那把 2 连续乘 30 次之后得到的答案是多少呢？

我在网上查了一下，找到了把 2 乘 30 次之后的答案。真的是很多、很多种结果啊！
1 073 741 824
你连续得到 30 次正面的概率是
1/1 073 741 824
看来连续30次都得到正面是不太可能的啊！

一个盒子里装有 2 个红色弹珠、1 个白色弹珠、1 个绿色弹珠、1 个紫色弹珠以及 1 个黑色弹珠。如果你闭着眼睛从这个盒子里拿出 2 个弹珠，然后把它们放入你的口袋，那么这 2 个弹珠都是红色的概率是多少？

对于这类问题，你需要求出第一个弹珠是红色的概率，然后再求出第二次拿到的也是红色弹珠的概率。

第一次拿到红色弹珠：$\frac{2}{6}$，即$\frac{1}{3}$

如果第一个弹珠是红色的，那么盒子里剩下的 5 个弹珠里将只有 1 个是红色的。

第二次拿到红色弹珠的概率是：$\frac{1}{5}$

要想求出两个事件同时发生的概率，只要把这两个概率相乘就行：

$\frac{1}{3} \times \frac{1}{5} = \frac{1}{15}$

所以拿出的 2 个弹珠都是红色的概率是$\frac{1}{15}$。试着做一做下面这道问题。这个问题有点儿难，但是只要你能求出每个事件发生的概率，那它就相当简单了。

一个盒子里装有 2 个红色弹珠、1 个白色弹珠、1 个绿色弹珠、1 个紫色弹珠以及 1 个黑色弹珠。如果你闭着眼睛从这个盒子里拿出 3 个弹珠，然后把它们放入你的口袋，那么这 3 个弹珠里没有一个是红色的概率是多少？

第一次拿到的不是红色弹珠：有 4 个弹珠不是红色的，所以你拿到的不是红色弹珠的概率是$\frac{4}{6}$，即$\frac{2}{3}$。

第二次拿到的不是红色弹珠：如果第一个弹珠不是红色的，那么盒子里剩下的 5 个弹珠中将有 3 个不是红色的。不是红色弹珠的概率为$\frac{3}{5}$。

第三次拿到的不是红色弹珠：如果前 2 次拿到的都不是红色弹珠，那么箱子里剩下的 4 个弹珠中将有 2 个不是红色的。不是红色弹珠的概率为$\frac{2}{4}$，即$\frac{1}{2}$。

我将采用上一个问题中所用的那种方法。要求出 3 次拿到的都不是红色弹珠的概率，我只需要像前面那样把这三个概率相乘：

$\frac{2}{3} \times \frac{3}{5} \times \frac{1}{2} = \frac{6}{30}$，即$\frac{1}{5}$

拿 3 个弹珠且 3 个都不是红色的概率只有$\frac{1}{5}$。

我在玩大冒险游戏，想知道把 3 个骰子都掷出 6 的概率是多少。我想我应该使用你刚刚用的那种方法。

计算$\frac{1}{6}\times\frac{1}{6}\times\frac{1}{6}$，我得到的概率是$\frac{1}{216}$。我完全没想到掷出 3 个 6 的概率这么低。

第 1 第一次掷出 6：$\frac{1}{6}$或者说六分之一

第 2 第二次掷出 6：$\frac{1}{6}$或者说六分之一

第 3 第三次掷出 6：$\frac{1}{6}$或者说六分之一

$$\frac{1}{6}\times\frac{1}{6}\times\frac{1}{6}=\frac{1}{216}$$

1) 把一枚硬币连续抛 5 次，每次都是正面的概率是多少？

2) 使用“高级数学语言”描述问题 1。

3) 一副扑克牌中有 52 张牌。如果你能抽中黑桃 A，你就赢了。那么你输掉的概率是多少？

4) 掷 2 个骰子，得到 2 个 5 的概率是多少？

5) 掷 2 个骰子，掷出相同 2 个数的概率是多少？

第 13 章　比例

我知道我的身高是 4 英尺，然后我刚刚测量了一下我的影子，发现它是 12 英尺。我想知道这是否能够帮助我求出我院子里那棵怪树的高度。

你可以利用比例解决实际生活中的许多问题。比如你知道你的影子的长度是你身高的 3 倍，所以这棵树的影子也一定是它的高度的 3 倍。

我完全没有想到这么容易就能算出这棵树的高度。我测量得到这棵树的影子是 63 英尺长。现在我知道这棵树的高度一定是 63 英尺的$\frac{1}{3}$，即 21 英尺。

这道题很容易计算，因为它是可以整除的。下面我会告诉你一种方法，来解决那些不能整除的问题。这种方法叫作交叉相乘法。

我们假设你的身高是 3 英尺，而你的影子长 5 英尺。你测量得到这棵树的影子长 60 英尺。这就把问题变得有点儿难了，因为你很难口算出结果。看一看我是怎么解决这个问题的吧。（因为我们要求的是这棵树的高度，所以我把它设为 n。）

$$\frac{3\text{ 英尺（身高）}}{5\text{ 英尺（影长）}}=\frac{n\text{（树的高度）}}{60\text{ 英尺（树的影长）}}$$

解决这道题的方法叫作交叉相乘法，所以你只需要把对角的两个数相乘就行：$3\times60=5\times n$

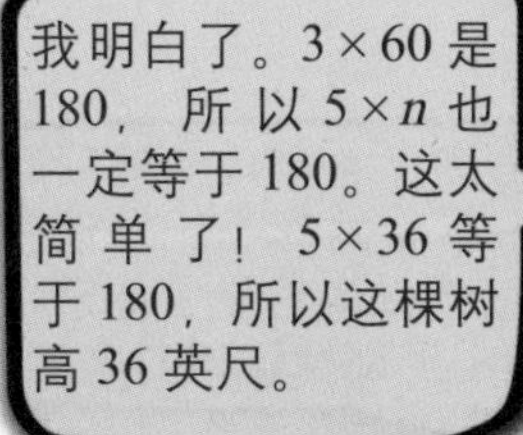
我明白了。3×60 是 180，所以 5×n 也一定等于 180。这太简单了！5×36 等于 180，所以这棵树高 36 英尺。

我想我可以使用这种方法处理地图与比例尺的问题。如果比例尺是 1 英寸 =40 英里，很容易就可以明白 1.5 英寸等于 60 英里，但如果两个城市之间的距离，比如波士顿和纽约之间的距离是 5.2 英寸，我就很难确定实地距离是多少。我要试一试交叉相乘法。

$$\frac{1\text{ 英寸（地图）}}{40\text{ 英里（实地）}}=\frac{5.2\text{ 英寸（地图）}}{n\text{ 英里（实地）}}$$

交叉相乘后，我得到了 $n=208$。现在我知道波士顿和纽约之间的距离是 208 英里了。我简直不敢相信竟然这么简单。

下周我要从纽约市到西雅图去。在墙上的大地图上，它们之间的距离是 73.75 英寸，比例尺是 1 英寸 =40 英里。我要使用这种高级的新方法求出从纽约到西雅图有多远。
$40\times73.75=2950$ 因此我们可以知道：
$n=2950$ 英里。

$$\frac{1\text{ 英寸（地图）}}{40\text{ 英里（实地）}}=\frac{73.75\text{ 英寸（地图）}}{n\text{ 英里（实地）}}$$

1) 一根 5 英尺的柱子影长 30 英尺。如果一个人的影长 24 英尺，那么这个人的身高是多少？

2) 一个 5 英尺高的人，影子长 7.5 英尺。一棵树的影子长 90 英尺，那这棵树的高度是多少？

3) 一只 3.25 英尺高的狗，影子长 4 英尺。附近一栋楼的影子长 176 英尺，则这栋楼的高度是多少？

4) 一幅地图的比例尺是 1.5 英寸 =10 英里。地图上距离 4.5 英寸远的两个城市实际上相距多远？

5) 一幅地图的比例尺是 1.5 英寸 =10 英里。地图上距离 12.75 英寸远的两个城市实际上相距多远？

我还想教给你们另外一种类型的比例问题。比如说，你知道某种硬币是由金和银按重量比 7 ：3 制成。这意味着，每 10 磅这种硬币中，有 7 磅是金，3 磅是银。

看一看这个看起来很难的问题，并观察我是如何解决的。注意：这座雕像被分成了 5+10+15=30 份。

一座雕像由铜、银和金按重量比 5:10:15 制成。这座雕像的总重量是 150 磅。那么这座雕像中金的重量是多少？

这座雕像一共有 30 份，且这 30 份的总重量是 150 磅，所以每一份的重量是 150 ÷ 30=5 磅。金占 15 份，所以这座雕像中金的重量是 15 份 × 5 磅 / 份 =75 磅。看一看你是否能够解决下一个问题。

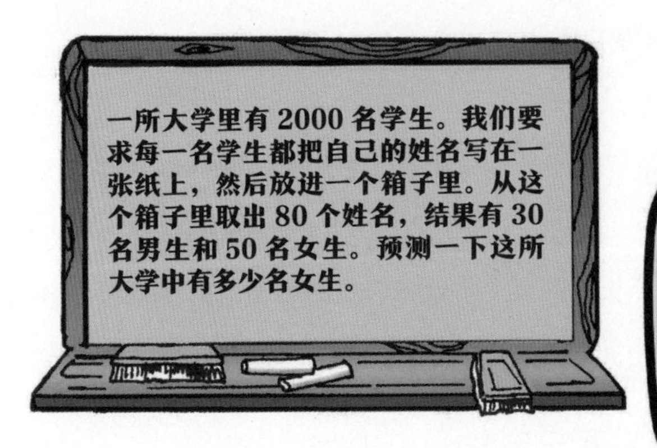
一所大学里有 2000 名学生。我们要求每一名学生都把自己的姓名写在一张纸上，然后放进一个箱子里。从这个箱子里取出 80 个姓名，结果有 30 名男生和 50 名女生。预测一下这所大学中有多少名女生。

我想我可以像解决硬币和雕像问题那样，解决这个问题。首先我需要算出，如果 80 名学生为一组，那么这所学校的 2000 名学生中包含多少个这样的组。（30 名男生加 50 名女生为 80 名学生，所以我把 80 名学生定位为一组。）

2000 名学生 ÷80=25 组，每组 80 名学生。
每一组有 50 名女生：
25 组 ×50 名女生 / 组 =1250 名女生
预测：这所学校里有 1250 名女生。

1) 一枚硬币由镍和铜按重量比 9:1 制成。如果这枚硬币重 80 克，那么这枚硬币中的铜有多重？
2) 一座雕像由银、金、铂按重量比 5:1:1 制成。如果这座雕像重 1050 磅，那么这座雕像中金的重量是多少？
3) 一所学校里有 850 名学生。从中随机挑选出 50 名，结果挑出了 30 名男生和 20 名女生，预测这所学校中有多少名男生。
4) 一个圆球由金和镍按重量比 8:7 制成，如果这个圆球中镍的重量是 56 磅，那么这个圆球的重量是多少？

第 14 章　度量衡

处理度量衡的问题时，了解加仑、夸脱、时间、距离和重量的换算将非常重要。我已经在这里列出了许多重要的信息，帮助你解决本章中的问题。

1 汤匙 =3 茶匙
1 液盎司 =2 汤匙
1 杯 =8 液盎司
1 品脱 =2 杯
1 夸脱 =2 品脱
1 加仑 =4 夸脱
1 夸脱 =0.946 升
1 英尺 =12 英寸
1 码 =3 英尺
1 英里 -5280 英尺
一个天文单位 =92 955 807 英里
1 英里 =1.61 千米
1 光年 = 约 6 000 000 000 000 英里
1 英里 =1.61 千米
1 磅 =16 盎司
1 短吨 =2000 磅
1 磅 =0.454 千克

我们试着利用水的体积解决一道题目吧。记住，把加仑转化为夸脱，或者其他两个量相互转化时，一定要认真。

一个水池急需水管工修理，它正在以每小时 15 加仑的速度漏水。这个水池每分钟漏水多少夸脱？

我觉得我首先需要把 15 加仑转化为夸脱。4 夸脱 / 加仑 ×15 加仑 =60 夸脱。即每小时漏 60 夸脱的水，又因为 1 小时 =60 分钟，所以每分钟就排出 1 夸脱的水。

我总是搞不清楚如何改食谱。我有一份制作 60 块饼干的食谱，其中需要 1 液盎司的香草精。如果我想制作 10 块饼干，那么我应该用多少香草精？

我相信你一定知道应该使用 $\frac{1}{6}$ 液盎司，但是这个量几乎无法测量。我觉得把盎司转化为茶匙后将会容易一些。

我知道 1 液盎司等于 6 茶匙。所以很容易就可以求出 $\frac{1}{6}$ 液盎司是多少。6 茶匙的 $\frac{1}{6}$ 是 1 茶匙。

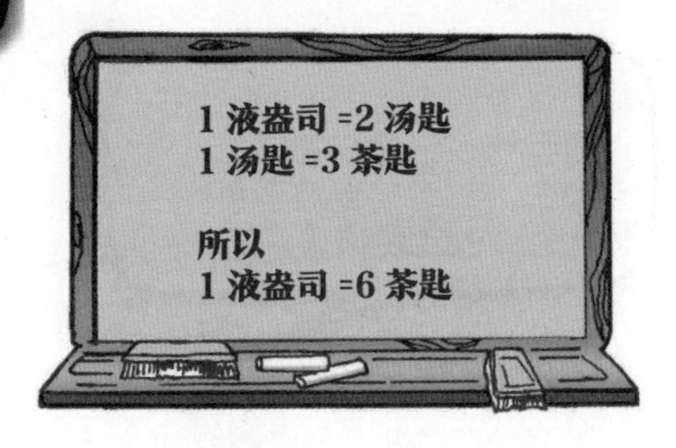
1 液盎司 =2 汤匙
1 汤匙 =3 茶匙
所以
1 液盎司 =6 茶匙

1) 如果牛奶的价格是每加仑 5.2 美元，那么 1 品脱的牛奶要多少钱？

2) 水以每分钟 2 加仑的速度从水管中流出。那么 1 夸脱的水从这个水管中流出需要多长时间？

3) 如果 1 只蜗牛每小时爬行 16 英尺，那么这只蜗牛需要多少天才能爬行 1 英里？

4) 如果声音的传播速度是每秒钟 1100 英尺，那么它需要多少秒才能传播 1 英里？（四舍五入到整数）

在我们描述非常长的距离时，就不能使用英尺，甚至英里，因为距离太长了。

我明白你的意思。在我描述行星冥王星时，我说它离太阳几十亿英里远。这就让人很难想象，因为这个数字太大了。

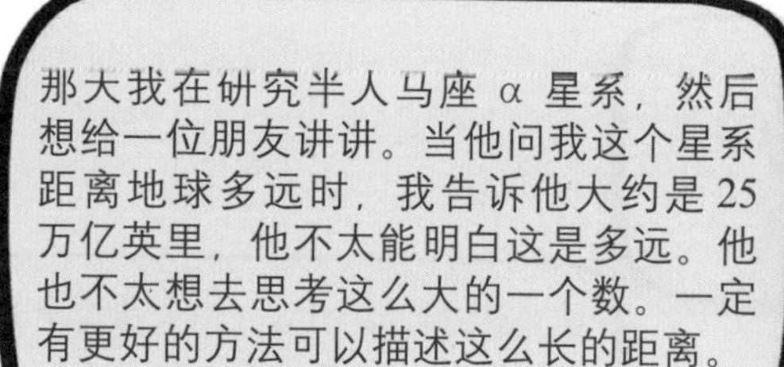
那天我在研究半人马座 α 星系，然后想给一位朋友讲讲。当他问我这个星系距离地球多远时，我告诉他大约是 25 万亿英里，他不太能明白这是多远。他也不太想去思考这么大的一个数。一定有更好的方法可以描述这么长的距离。

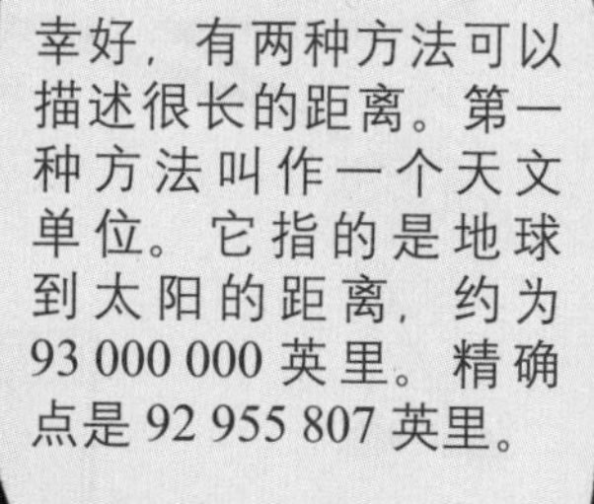
幸好，有两种方法可以描述很长的距离。第一种方法叫作一个天文单位。它指的是地球到太阳的距离，约为 93 000 000 英里。精确点是 92 955 807 英里。

好的，让我看看是否能够使用天文单位描述太阳到冥王星的距离。冥王星轨道上的某一点距离太阳的距离是 4 000 000 000 英里。我只需要用这个距离除以一个天文单位就行！

4 000 000 000÷92 955 807 ≈ 43.03 个天文单位

这倒是不难。要是有人问我太阳到冥王星的距离，我就可以回答是大约 43 个天文单位，也就是 43 个地球到太阳的距离。

对我来说这还是没太大用，因为地球到半人马座 α 星系的距离超过了 250 000 个天文单位。我希望有一种更好的方法能够描述这样很长很长的距离。

你太幸运了！光年这种测量单位就用于描述非常、非常长的距离，如到星体的距离。1 光年等于光传播一年的距离。

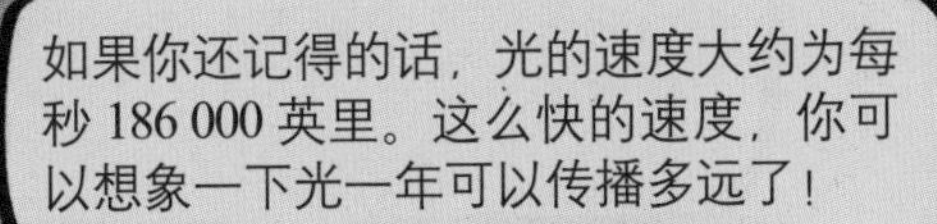
如果你还记得的话，光的速度大约为每秒 186 000 英里。这么快的速度，你可以想象一下光一年可以传播多远了！

186 000 英里 ×60 秒（1 分钟）
×60 分钟（1 小时）
×24 小时（1 天）
×365 天（1 年）

我把它乘出来之后，得到的结果约为 6 万亿英里。光一年可以传播的距离相当远！现在我可以不用英里或天文单位，而用光年来描述地球到半人马座 α 星系的距离了。

250 000 个天文单位 ×92 955 807 英里 / 天文单位 =
23 238 951 750 000 英里（到半人马座 α 星系的距离）
23 238 951 750 000 英里 ÷6 万亿英里 / 光年≈约 4 光年

试着完成下列问题（可使用计算器）：

1)　地球与土星相距最近时，它们之间的距离约为 750 000 000 英里。此时，地球距离土星多少个天文单位？（四舍五入到整数）

2)　1 光年等于多少个天文单位？（四舍五入到千位）

3)　1 光时的距离是多长？（四舍五入到百万位）

4)　地球到月球的距离约等于 250 000 英里，是几分之一个天文单位？

a) $\frac{1}{1\ 255\ 000}$　　b) $\frac{1}{572\ 000}$　　c) $\frac{1}{372}$　　d) $\frac{1}{82}$

第 15 章 周长

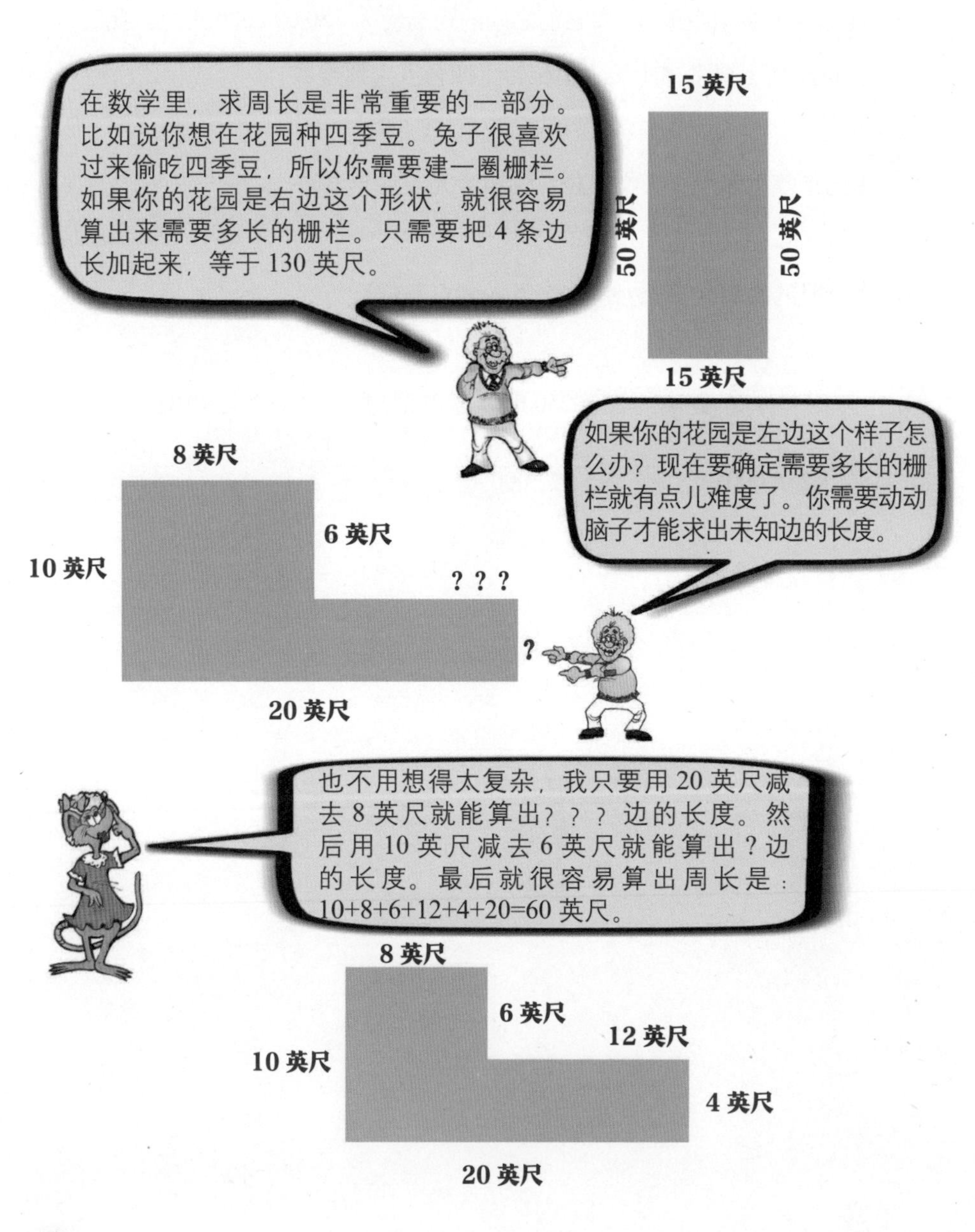
在数学里，求周长是非常重要的一部分。比如说你想在花园种四季豆。兔子很喜欢过来偷吃四季豆，所以你需要建一圈栅栏。如果你的花园是右边这个形状，就很容易算出来需要多长的栅栏。只需要把 4 条边长加起来，等于 130 英尺。
15 英尺
50 英尺
50 英尺
15 英尺
如果你的花园是左边这个样子怎么办？现在要确定需要多长的栅栏就有点儿难度了。你需要动动脑子才能求出未知边的长度。
8 英尺
6 英尺
10 英尺
? ? ?
?
20 英尺
也不用想得太复杂，我只要用 20 英尺减去 8 英尺就能算出？？？边的长度。然后用 10 英尺减去 6 英尺就能算出？边的长度。最后就很容易算出周长是：10+8+6+12+4+20=60 英尺。
8 英尺
6 英尺
12 英尺
10 英尺
4 英尺
20 英尺

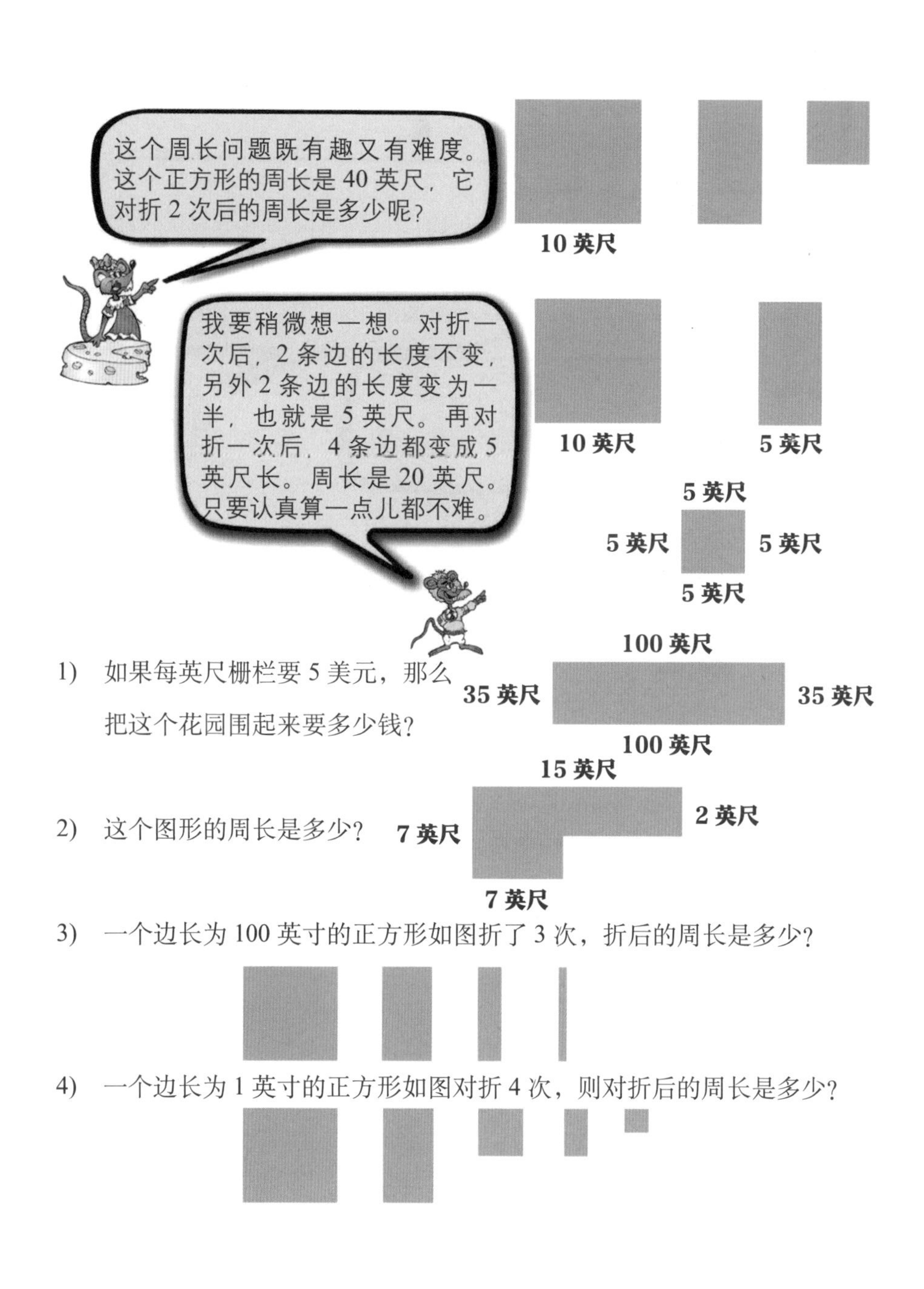
这个周长问题既有趣又有难度。这个正方形的周长是 40 英尺，它对折 2 次后的周长是多少呢？
10 英尺
我要稍微想一想。对折一次后，2 条边的长度不变，另外 2 条边的长度变为一半，也就是 5 英尺。再对折一次后，4 条边都变成 5 英尺长。周长是 20 英尺。只要认真算一点儿都不难。
10 英尺
5 英尺
5 英尺
5 英尺
5 英尺
5 英尺
100 英尺
35 英尺
35 英尺
100 英尺
15 英尺
2 英尺
7 英尺
7 英尺

1) 如果每英尺栅栏要 5 美元，那么把这个花园围起来要多少钱？

2) 这个图形的周长是多少？

3) 一个边长为 100 英寸的正方形如图折了 3 次，折后的周长是多少？

4) 一个边长为 1 英寸的正方形如图对折 4 次，则对折后的周长是多少？

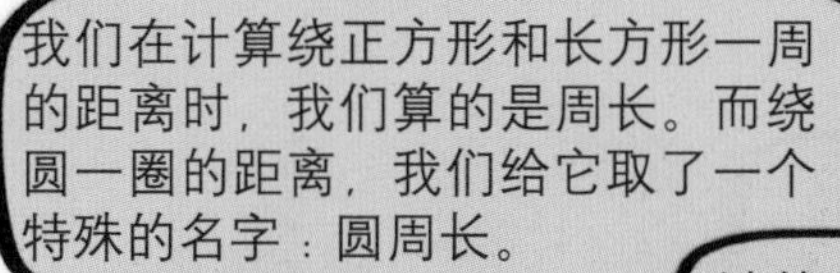
我们在计算绕正方形和长方形一周的距离时，我们算的是周长。而绕圆一圈的距离，我们给它取了一个特殊的名字：圆周长。

计算一个圆的圆周长非常简单。只要用圆的直径乘以圆周率 π 就行。π 是一个很特殊的数字，用符号 π 表示。对了，顺便说一下，直径就是横穿圆的中心的线段。

π 等于 3.14159265359…… 后面的数字无穷无尽，因此我们一般取近似值 3.14。看看计算这个圆周长有多简单。

3 英尺

3. 14×3=9. 42 英尺

1) 如果圆桌的直径是 4 英尺，则绕圆桌一周的距离是多少？

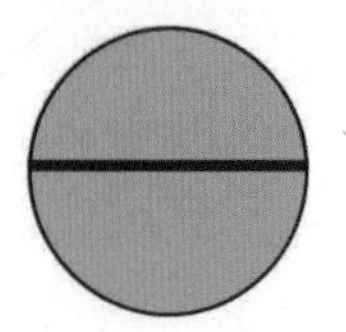

2) 如果一只蜗牛每小时能爬$\frac{1}{2}$英尺，那么这只蜗牛绕一个直径为 100 英尺的圆湖一圈需要多久？

3) 一个直径 10 英尺的圆如图对折两次，最后得到的这个图形的周长是多少？

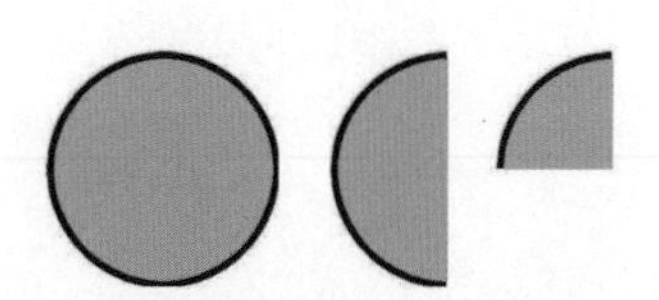

4) 一根 7 英寸长的分针从 9:00 走到 9:45，分针的针尖走了多远？

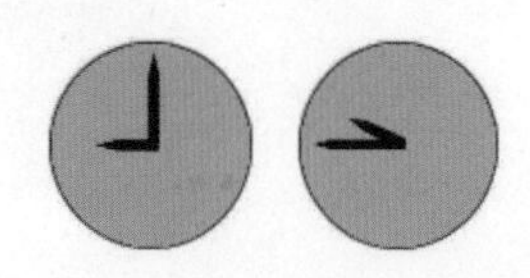

勾股三角形是一种特殊的直角三角形，它的三条边长特别容易计算。我们回顾一下，直角三角形是有一个角为 90 度的三角形，这个角用下面这个符号表示。

我把一些最常见的勾股数写到了黑板上。你先看一看，然后我会教你怎么用。

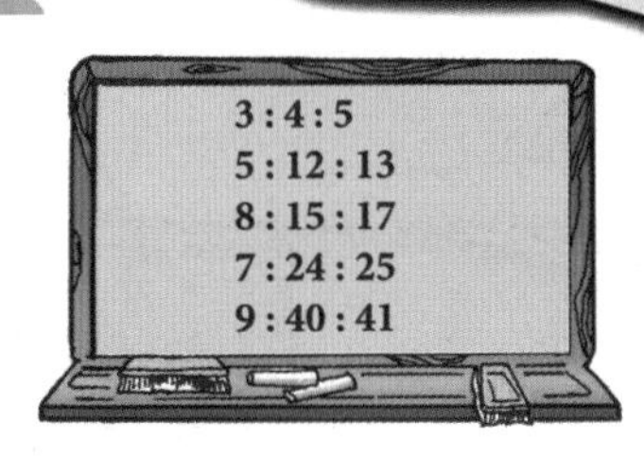
3 : 4 : 5
5 : 12 : 13
8 : 15 : 17
7 : 24 : 25
9 : 40 : 41

看右边这个勾股三角形。它有一个角是直角，两条边是勾股数，所以我知道它是一个勾股三角形。现在我不用计算就能知道，另一条未知边的长度一定等于 5 英寸。

? 英寸

4 英寸

3 英寸

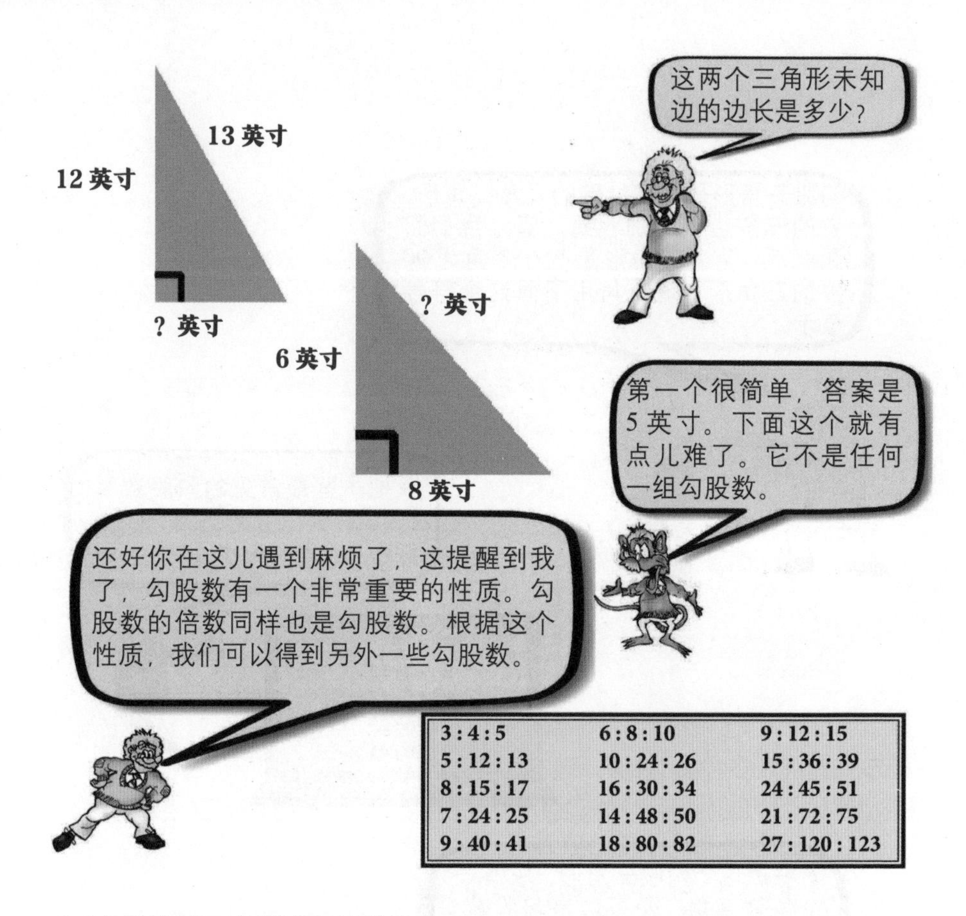
13 英寸
12 英寸
? 英寸
这两个三角形未知边的边长是多少？
? 英寸
6 英寸
8 英寸
第一个很简单，答案是 5 英寸。下面这个就有点儿难了。它不是任何一组勾股数。
还好你在这儿遇到麻烦了，这提醒到我了，勾股数有一个非常重要的性质。勾股数的倍数同样也是勾股数。根据这个性质，我们可以得到另外一些勾股数。

3 : 4 : 5	6 : 8 : 10	9 : 12 : 15
5 : 12 : 13	10 : 24 : 26	15 : 36 : 39
8 : 15 : 17	16 : 30 : 34	24 : 45 : 51
7 : 24 : 25	14 : 48 : 50	21 : 72 : 75
9 : 40 : 41	18 : 80 : 82	27 : 120 : 123

求出下列勾股三角形未知边的边长。

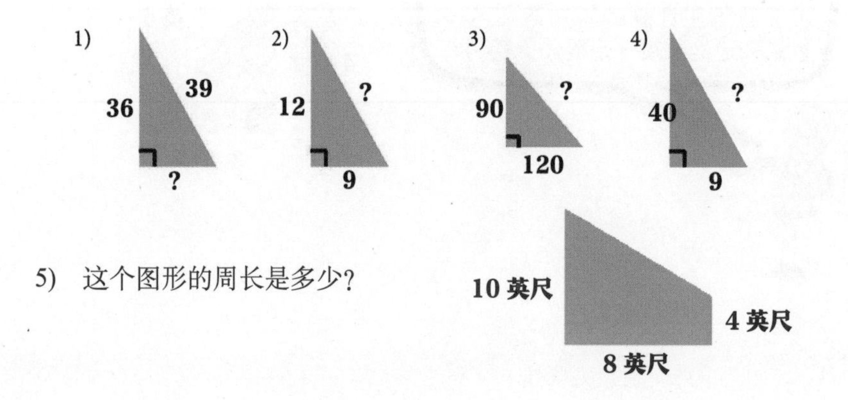
1)
36
39
?
2)
12
?
9
3)
90
?
120
4)
40
?
9
10 英尺
4 英尺
8 英尺

5) 这个图形的周长是多少？

第 16 章　面积

求面积是学生必须掌握的一项重要技能。生活中诸如买地毯，粉刷墙等都需要计算面积。工程技术、建筑设计、建造施工、医疗领域、零售、教育等各行各业都要用到这一重要技能。

我还知道会求面积为什么这么重要，因为考试要考！

的确，会做求面积的题，考试才能考好，但考试的目的是检测你是否能够在实际生活中解决这些问题。抱歉，我说话有点儿像大人了。

下面我们先计算长方形和正方形的面积。思考黑板上的题目。加布里埃尔想知道需要买多少块瓷砖，但是他不想一块一块地数。求出房间的面积，就能很快地算出该买多少块瓷砖。

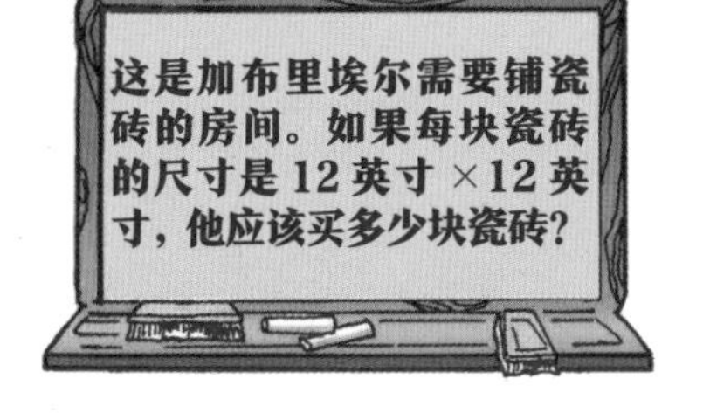
这是加布里埃尔需要铺瓷砖的房间。如果每块瓷砖的尺寸是 12 英寸 ×12 英寸，他应该买多少块瓷砖？

20 英尺

8 英尺

4 英尺

8 英尺

从图中可以看出，加布里埃尔的房间可以分为这样的两个长方形。瓷砖的尺寸是 12 英寸 ×12 英寸，也就是 1 英尺 ×1 英尺，结果读作 1 平方英尺。房间的长边是 20 英尺，每排需要 20 块瓷砖，短边是 4 英尺，需要铺 4 排瓷砖。一共是 80 块瓷砖。

1 平方平尺

1 英尺

1 英尺

20 英尺

4 英尺

4 英尺

8 英尺

我懂你的思路了。不用数，只要算出 4 英尺 ×20 英尺 =80 平方英尺就行。所以需要 80 块瓷砖！！

现在我会算这个房间需要多少瓷砖了。4 英尺 ×8 英尺 =32 平方英尺，也就是 32 块瓷砖的面积。这比一块一块数要容易得多。

1) 长 25 英尺、宽 10 英尺的房间的面积是多少？

2) 如果每平方英尺的地毯要 12 美元，铺满长宽均为 12 英尺的房间要花多少钱？

3) 这个房间的面积是多少？

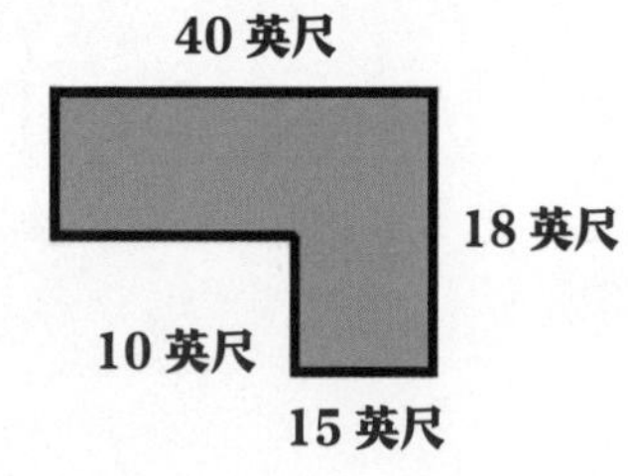
40 英尺
18 英尺
10 英尺
15 英尺

圆的面积

圆的面积和长方形的面积一样简单。在此之前你需要先知道什么是圆的半径。

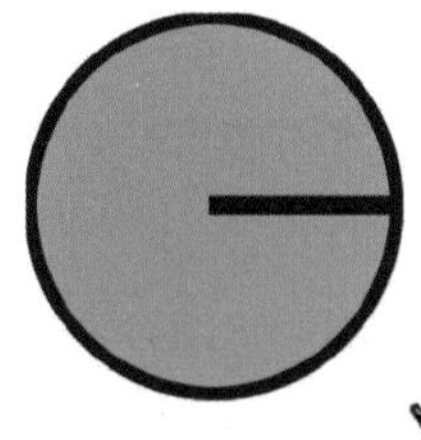

圆的半径就是圆心到圆上任意一点的线段。它的长度是圆直径的一半。

求圆面积只需要使用公式。我们用 $\pi=3.14$。所以半径为 5 英寸的圆的面积为：$3.14\times5\times5=78.5$ 平方英寸。

π × 半径 × 半径 = 面积

你需要知道圆的一些性质，这样可以帮助你求它们的面积。圆周角为 360°。观察这些需要粉刷的圆形地板。它们的半径都是 8 英尺。

079

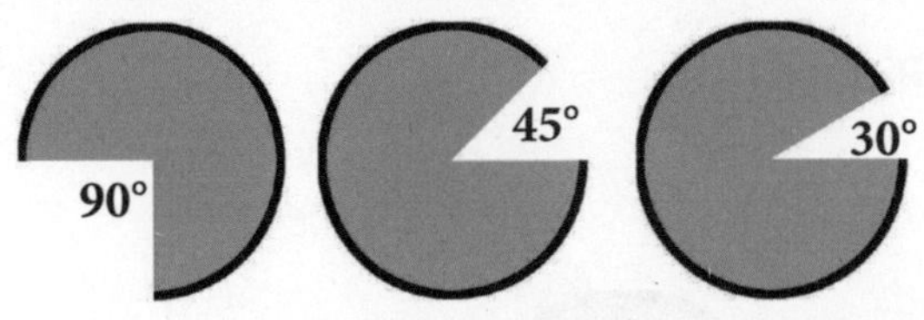
90°
45°
30°

这些需要粉刷的地板并不是一个整圆。第一块只有圆的$\frac{3}{4}$，缺少了$\frac{1}{4}$。因为圆周的$\frac{1}{4}$是 90°。所以我需要求出完整圆的面积再减掉其中的$\frac{1}{4}$。需要粉刷的面积是 150.72 平方英尺。

3.14×8×8=200.96
200.96÷4=50.24
200.96-50.24=150.72

第二块地板的样子看起来有点儿难。缺少了 45° 角对应的面积。也就是面积减少了$\frac{45}{360}$，即$\frac{1}{8}$，所以剩下的面积为 175.84 平方英尺。

3.14×8×8 = 200.96
200.96÷8=25.12
200.96-25.12=175.84

我懂了。第三个圆缺少了$\frac{30}{360}=\frac{1}{12}$。所以需要粉刷的面积为 184.21 平方英尺。

3.14×8×8=200.96
200.96÷12 =16.75
200.96-16.75=184.21

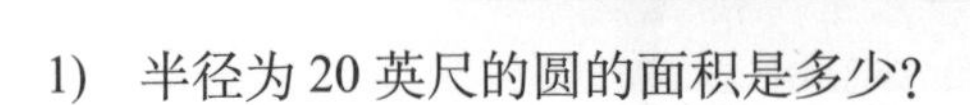

1) 半径为 20 英尺的圆的面积是多少？

2) 如果每粉刷 100 平方英尺要 40 美元，那么粉刷一个半径为 10 英尺的圆形地板要多少钱？

3) 一个半径为 60 英尺的圆需要粉刷。如果要空出 120° ，那么需要粉刷多少平方英尺？

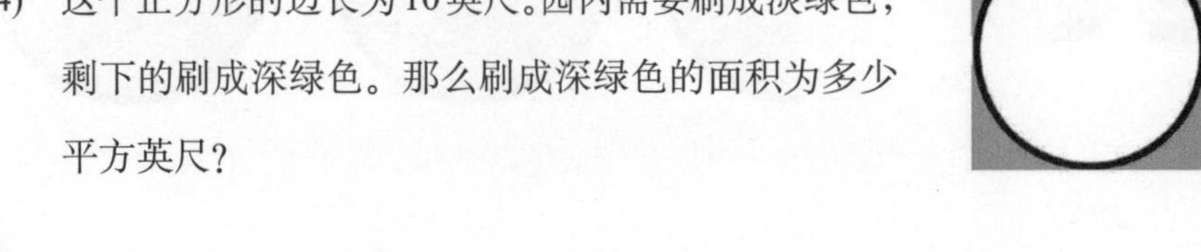

4) 这个正方形的边长为10英尺。园内需要刷成淡绿色，剩下的刷成深绿色。那么刷成深绿色的面积为多少平方英尺？

三角形的面积

长方形的面积非常容易求。10 英尺 × 5 英尺 =50 平方英尺。现在，略施小计就能求出三角形的面积。你觉得这个深色的三角形面积是多少？

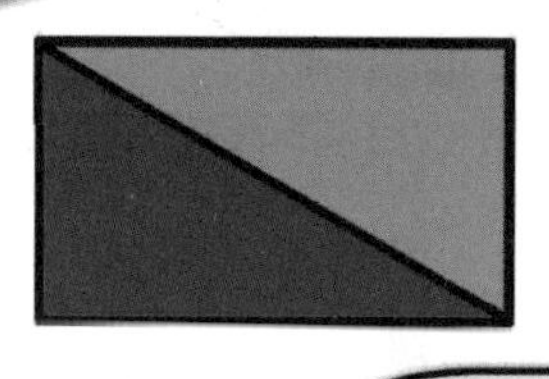

太简单了，我都不需要知道三角形的面积公式！我只需要把长方形的面积除以 2。得到三角形的面积为 25 平方英尺。

要求三角形的面积，只需要求出三角形的高，然后再乘以底边长度再除以 2。这个例子中的高很容易求。有些三角形的高却不容易求，比如我画的这两个三角形。高用虚线表示，且垂直于底边。

求下列图形的面积：

1)

5 英寸

7 英寸

2)

10 英尺

14 英尺

5 英尺

3)

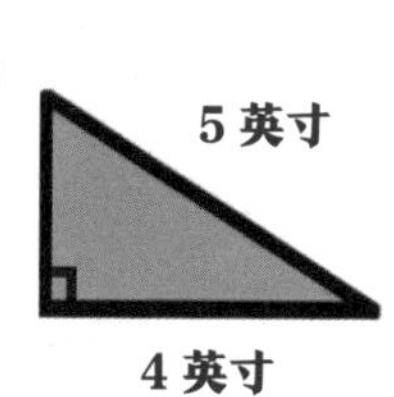

5 英寸
4 英寸

第 17 章　体积

所有物体都因为占据了空间而具有体积。先看黑板上的问题，然后观察这个长、宽、高均为 1 英寸的骰子。

填满一个长 10 英尺、宽 6 英尺、高 8 英尺的房间需要多少这样的骰子？

我过去因为好玩思考过这道题，每个骰子的体积是 1 立方英寸。为了得到骰子的体积，我用长 × 宽 × 高 $=1\times1\times1=1$ 立方英寸。这就是说，每个骰子占据 1 立方英寸的空间。

要解决这道题，你既可以买几千个骰子亲自堆满房间，然后数一数用了多少个，也可以用数学方法求出两者的体积，一分钟之内算出答案。

我现在要做的就是求出房间的体积。先把房间尺寸的单位换算成英寸，这样求出的体积就是以立方英寸为单位的。

10 英尺 =120 英寸
8 英尺 =96 英寸
6 英尺 =72 英寸
体积 =120×96×72=829 440 立方英寸
房间里的骰子数 =829 440 个

我明白你的思路了。房间的体积是 829 440 立方英寸，每个骰子的体积是 1 立方英寸。所以堆满房间一共需要 829 440 个骰子。如果骰子的边长是 2 英寸，也很容易计算。

房间的体积：829 440 立方英寸
每个骰子的体积：2×2×2=8 立方英寸
房间里的骰子数：829 440÷8=103 680 个

1)　有一个边长是 6 英寸的大骰子，它的体积是多少立方英寸？

2)　边长为 1 码的箱子能装下多少块边长为 2 英寸的木块？

3)　有一个长 5 米、宽 3 米、高 2 米的大箱子，它的体积是多少立方分米？

4)　边长为 1 米的箱子能装下多少个边长为 1 分米的立方体？

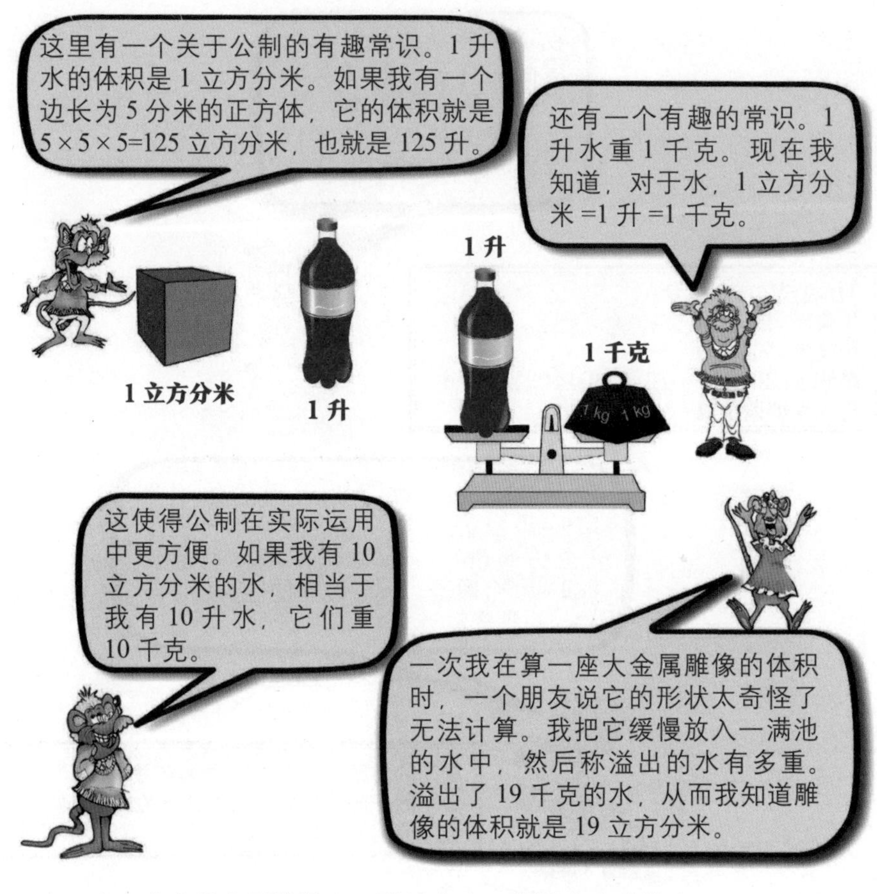
这里有一个关于公制的有趣常识。1 升水的体积是 1 立方分米。如果我有一个边长为 5 分米的正方体，它的体积就是 5×5×5=125 立方分米，也就是 125 升。
还有一个有趣的常识。1 升水重 1 千克。现在我知道，对于水，1 立方分米 =1 升 =1 千克。
1 立方分米
1 升
1 升
1 千克
1 kg
1 kg
这使得公制在实际运用中更方便。如果我有 10 立方分米的水，相当于我有 10 升水，它们重 10 千克。
一次我在算一座大金属雕像的体积时，一个朋友说它的形状太奇怪了无法计算。我把它缓慢放入一满池的水中，然后称溢出的水有多重。溢出了 19 千克的水，从而我知道雕像的体积就是 19 立方分米。

1) 1 立方分米的金属块掉入一满池水中，将溢出多重的水？

2) 一个长 50 分米、宽 20 分米、深 10 分米的长方体游泳池能装多少升的水？

3) 1 克 = $\frac{1}{1000}$千克。那么 1 克水的体积是多少？

a) 1 立方米　b) 1 立方分米　c) 1 立方厘米　d) 1 立方毫米

4) 1 立方米的水有多少升？有多重？

圆柱体的体积

这是我要讲的最后一类体积问题。也就是像易拉罐一样的圆柱体的体积。观察这个易拉罐，借助上一章的面积公式很容易求出底面的面积。

π × 半径 × 半径

半径：2 英寸
高：6 英寸

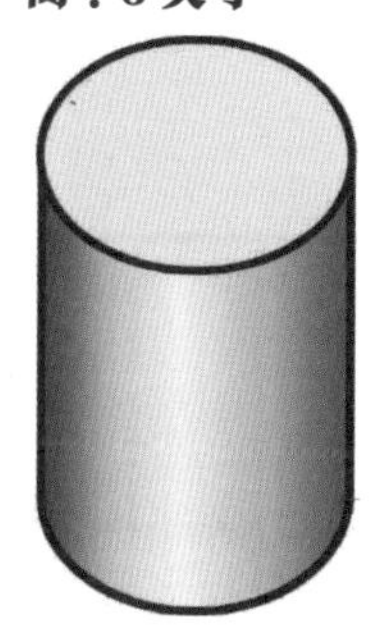

这个易拉罐的底面半径是 2 英寸，所以面积是：
3.14 × 2 × 2=12.56 平方英寸
现在我只需要乘以易拉罐的高就可以求出体积。

12.56×6=75.36 立方英寸

π × 半径 × 半径 × 高

我一直想知道花园的水管能装多少水。我想我现在知道怎么算了。先把水管看作圆柱体写出体积公式。

花园里水管的内径是1英寸,长50英尺。水管真是一个非常长的圆柱体，我用公式求出它的体积就能得到水的体积。

$\pi \times$ 半径 $\times$ 半径 $\times$ 高，

直径：1英寸　半径：$\frac{1}{2}$英寸

高：$50 \times 12 = 600$ 英寸

体积：$3.14 \times \frac{1}{2} \times \frac{1}{2} \times 600 = 471$ 立方英寸

我没想到水管能装这么多的水！能装471立方英寸的水，远比易拉罐装的多。

1) 一个半径为6英寸、高为8英寸的易拉罐的体积是多少？

2) 一个高10英寸、直径为5英寸的圆柱体果汁瓶的体积是多少？

3) 有一根100英尺长的软管，内径为2英寸，它的体积是多少？

4) 如果一个圆柱体的体积为785立方英寸，底面积为78.5平方英寸，那么高是多少？

第 18 章　趣味比例

本章内容以趣味性为主，让我们用分数来玩一些游戏。比如我用文字列出了一个分数：

$$\frac{\text{一个人有几个鼻子}}{\text{一个人有几只眼睛}}=\frac{?}{?}$$

把具体数字填入分数式就得到了答案$\frac{1}{2}$。看看你是否能够算出这些问题的答案。

$$\frac{1\text{杯}}{1\text{品脱}}=\frac{?}{?}$$

$$\frac{1\text{磅}}{1\text{短吨}}=\frac{?}{?}$$

$$\frac{1\text{米}}{1\text{分米}}=\frac{?}{?}$$

我需要知道 1 品脱等于多少杯，才能答出第一个问题。1 品脱等于 2 杯，所以答案是$\frac{1}{2}$，因为 1 品脱是 1 杯的 2 倍。

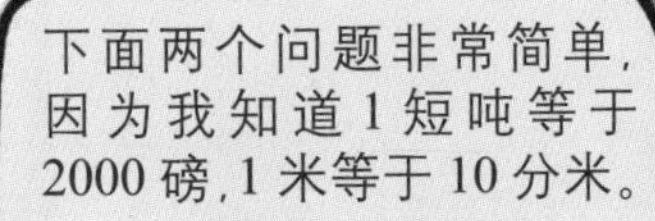
下面两个问题非常简单，因为我知道 1 短吨等于 2000 磅，1 米等于 10 分米。

$$\frac{1\text{磅}}{1\text{短吨}}=\frac{1}{2000}$$

$$\frac{1\text{米}}{1\text{分米}}=\frac{10}{1}$$

有时候，我搞不清楚应该把哪个数放在分子、哪个放在分母。为了防止弄反，我把这些问题写成这样：

$$\frac{1\text{磅}}{2000\text{磅（短吨）}}=\frac{1}{2000}$$

$$\frac{10\text{分米（米）}}{1\text{分米}}=\frac{10}{1}$$

第19章　类比

类比学起来非常有趣。看一看我在黑板上写的这3个类比。我已经给你做了第一个。

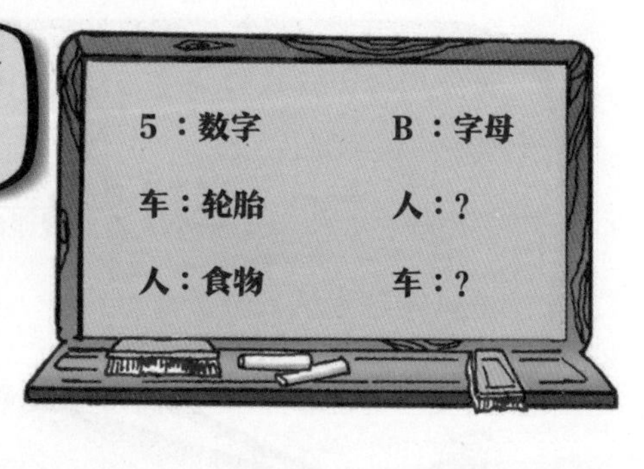

5：数字
B：字母
车：轮胎
人：?
人：食物
车：?

类比是一组有某种关联的词或数字。秘诀就是找出它们之间的联系。在第一个类比中，“5”是一个数字，B是一个字母。“数字”这个词是指“5”是什么，“字母”这个词则是指“B”是什么。这就好比，我们需要弄清楚轮胎与车之间的联系，才能解决下一个类比问题。

我知道轮胎与车是如何联系起来的。有了轮胎车才能开。现在我只需找出人“借助”什么行走。这太简单了。人用自己的脚走路，所以答案是脚。

我明白了。我只需要想一想人利用食物做什么，就可以解决下一个问题了。人利用食物获得能量，所以第三个类比问题的答案是汽油，因为车靠汽油获得能量。

数学中的许多地方都可以使用类比。看一看这个：

50% ：$\frac{1}{2}$　**25%**：$\frac{1}{4}$　**10%** ：?

我知道它们的联系是什么了。每一个百分数都转换成了分数，所以答案是 $\frac{1}{10}$，因为 10% 转换为分数就是 $\frac{1}{10}$。有人知道我为什么这么大声吗？

50% ：$\frac{1}{2}$　**25%** ：$\frac{1}{4}$　**10%** ：$\frac{1}{10}$

可能是你太兴奋了吧，你终于学会怎么做类比了。试一试这两个类比：

圆：$\pi\times$ 半径 $\times$ 半径　　长方形：?

100 ：10　　64 ：8　　25 ：?

第一个给出了圆的面积公式，所以长方形：?，答案一定是长 × 宽，因为这是计算长方形面积的方式。
第二个类比有点儿难，但我想到 10×10=100 以及 8×8=64。那么我只需想一想哪个数乘以它本身等于 25。答案当然是 5。

圆：$\pi\times$ 半径 $\times$ 半径　　长方形：长 $\times$ 宽

100 ：10　　64 ：8　　25 ：5

第 20 章　速度

我真的太纠结了。有一段 770 英里的旅途，我不知道走哪条路好。一条路，我的行驶速度能达到每小时 70 英里，但非常无聊。另一条路风景如画，可以看到很多海景和红杉树，但限速是每小时 55 英里。

如果我们能求出开车走那条风景如画的路要多花几个小时，或许有助于你做决定。看一看我的计算。

770 英里 ÷70 英里 / 小时 =11 小时

770 英里 ÷55 英里 / 小时 =14 小时

这样我就很好决定了。我宁愿走那条无聊的路来节省这 3 个小时！既然你用数学知识能帮我算速度，我希望你还能帮我解答一个问题，这个问题已经困扰我很久了。

我总是想知道我骑自行车可以骑多快。我没有速度计，只能去猜。在我骑得最快的时候，12 秒可以骑 230 英尺。根据这一信息，是否能够确定我的速度呢？

这个信息非常有用！稍微用逻辑思考一下，我们就可以根据每 12 秒骑 230 英尺这个信息，算出你 1 小时可以骑的距离。看一看这 3 个步骤，尤其是我提的几个问题。

第 1 步：
12 秒可以骑 230 英尺，那 60 秒或者 1 分钟可以骑多远？
12 秒 ×5=60 秒，所以每分钟骑 230 英尺 ×5=1150 英尺

第 2 步：
1 分钟可以骑 1150 英尺，那么，1 小时可以骑多远？
1150 英尺 ×60 分钟 / 小时 =69 000 英尺 / 小时

第 3 步：
每小时 69 000 英尺等于每小时多少英里？
因为 1 英里 =5280 英尺
所以，69 000÷5280≈13.07 英里 / 小时

骑车速度能达到每小时 13 英里，不错嘛！既然我已经知道如何求出每小时的英里数，我就可以算出自己在学校$\frac{1}{4}$英里（约 400 米）赛跑中的速度了。我跑完$\frac{1}{4}$英里，即 0.25 英里用了 50 秒。

第 1 步：
1 小时等于多少秒？
60 秒 / 分钟 ×60 分钟 / 小时 =3600 秒 / 小时

第 2 步：
3600 秒中有多少个 50 秒？
3600÷50=72，1 小时中有 72 个 50 秒。

第 3 步：
如果我 50 秒跑$\frac{1}{4}$英里，那我 3600 秒（1 小时）能跑多远？
3600 秒中有 72 个 50 秒，所以：0.25 英里 ×72=18 英里 / 小时

还有一种非常有趣的速度问题，它与火车的速度有关。

一列长 $1\frac{1}{2}$ 英里的火车通过一个交叉道口需要 5 分钟，那么这列火车的运行速度是多少？

尽管这道题目看起来不一样，但是我相信用的肯定是同一种思维逻辑。我要像之前那样，利用分步法试着解决这个问题。

第 1 步：
这列火车 5 分钟行驶了 1.5 英里。1 个小时中有多少个 5 分钟呢？
60÷5=12 个

第 2 步：如果这列火车 5 分钟行驶了 1.5 英里，那 12 个 5 分钟它将行驶多远？
1.5 英里 ×12=18 英里 / 小时

1) 如果一辆车正在以每小时 60 英里的速度前进，那么它走完一段 450 英里的路程需要多久？

2) 如果一辆车 60 秒行驶了 $\frac{1}{2}$ 英里，那它正在以每小时多少英里的速度前进？

3) 如果一架飞机飞行 1 英里需要 15 秒，那它的速度是每小时多少英里？

4) 每分钟 2 英里的速度相当于每小时多少英里的速度？

5) 一列火车正在以每小时 20 英里的速度行驶，它通过一个交叉道口需要 15 分钟，那么这列火车有多长？